中华人民共和国气候变化
第一次两年更新报告

生态环境部应对气候变化司 编

中国环境出版集团 · 北京

图书在版编目（CIP）数据

中华人民共和国气候变化第一次两年更新报告 / 生态环境部应对气候变化司编. -- 北京 ：中国环境出版集团，2022.1
ISBN 978-7-5111-5037-0

Ⅰ. ①中… Ⅱ. ①生… Ⅲ. ①气候变化－研究报告－中国 Ⅳ. ①P468.2

中国版本图书馆CIP数据核字(2022)第021135号

出 版 人	武德凯	
责任编辑	韩　睿	
责任校对	任　丽	
封面设计	王春声	

出版发行	**中国环境出版集团**
	（100062　北京市东城区广渠门内大街 16 号）
	网　　址：http://www.cesp.com.cn
	电子邮箱：bjgl@cesp.com.cn
	联系电话：010-67112765（编辑管理部）
	发行热线：010-67125803，010-67113405（传真）
印　　刷	北京中科印刷有限公司
经　　销	各地新华书店
版　　次	2022 年 1 月第 1 版
印　　次	2022 年 1 月第 1 次印刷
开　　本	880×1230　1/16
印　　张	11.25
字　　数	230 千字
定　　价	68.00 元

序 言

《联合国气候变化框架公约》（以下简称《公约》）第 4 条及第 12 条规定，每一个缔约方都有义务提交本国的国家信息通报。中华人民共和国（以下简称中国）作为《公约》非附件一缔约方，高度重视自己所承担的国际义务，已分别于 2004 年和 2012 年提交了《中华人民共和国气候变化初始国家信息通报》和《中华人民共和国气候变化第二次国家信息通报》，全面阐述了中国应对气候变化的各项政策与行动，并报告了中国 1994 年和 2005 年的国家温室气体清单。

根据 2010 年《公约》第十六次缔约方大会通过的第 1/CP.16 号决定以及 2011 年《公约》第十七次缔约方大会通过的第 2/CP.17 号决定，非附件一缔约方应根据其能力及为编写报告所获得的支持程度，从 2014 年开始提交两年更新报告，内容包括更新的国家温室气体清单、减缓行动、需求和获得的资助等，并接受对两年更新报告的国际磋商与分析。在 2015 年获得全球环境基金赠款后，中国政府组织国内有关部门和科研机构，根据《公约》第十七次缔约方大会通过的有关非附件一缔约方两年更新报告编制指南，启动了第一次两年更新报告的编写工作，经过 1 年多的努力，完成了《中华人民共和国气候变化第一次两年更新报告》。本报告在广泛征求意见的基础上，经过反复修改后由国务院批准提交。

经中国政府批准的《中华人民共和国气候变化第一次两年更新报告》，分为国家基本情况与应对气候变化机构安排，国家温室气体清单，减缓行动及其效果，资金、技术和能力建设需求及获得的资助，国内测量、报告和核查相关信息，其他信息，香港特别行政区应对气候变化基本信息，澳门特别行政区应对气候变化基本信息等篇章，全面反映了中国与气候变化相关的国情。本报告给出的国家温室气体清单为2012年数据，其他章节有关现状的描述一般截至2014年或2015年。本报告所涉及的全国性数据和资料，除行政区划、国土面积和其他特别注明的以外，均未包括香港特别行政区、澳门特别行政区和台湾省。根据中华人民共和国《香港特别行政区基本法》和《澳门特别行政区基本法》的有关原则，本报告中香港特别行政区和澳门特别行政区应对气候变化基本信息分别由香港特别行政区政府环境保护署、澳门特别行政区地球物理暨气象局提供。

应对气候变化是人类共同的事业。中国将从基本国情和发展阶段的特征出发，大力推进生态文明建设，推动绿色循环低碳发展，把应对气候变化融入国家经济社会发展中长期规划，坚持减缓和适应气候变化并重，通过法律、行政、技术、市场等多种手段，全力推进各项工作。中国政府也将一如既往地履行自己在《公约》下承诺的义务，坚持共同但有区别的责任原则、公平原则和各自能力原则，积极承担与中国基本国情、发展阶段和实际能力相符的国际义务，落实国家适当减缓行动及强化应对气候变化行动的国家自主贡献，积极参与应对全球气候变化谈判，推动建立公平合理、合作共赢的全球气候治理体系，深化气候变化多双边对话交流与务实合作，充分发挥气候变化南南合作基金作用，支持其他发展中国家加强应对气候变化能力建设。

目　录

第一部分

国家基本情况与应对气候变化机构安排

中国人口众多，气候条件复杂，生态环境脆弱，是最容易受到气候变化不利影响的国家之一。作为世界上最大的发展中国家，中国政府高度重视全球气候变化问题，把应对气候变化纳入国民经济和社会发展规划，把低碳发展作为生态文明建设基本途径，并在中央和地方政府建立了应对气候变化领导小组或跨部门的协调机构，扎实推进应对气候变化各项工作。

第一章 自然条件与资源

一、自然条件

（一）气候概况

中国气候类型复杂多样，降水的时空变化显著。按照自然地理环境和气候特征可划分为三大气候区：东部地区属季风气候区，四季分明，气候受季风影响很大，一旦季风规律反常，就会出现较大范围的旱涝灾害；西北部地区属大陆型干旱气候区，冬冷夏热；青藏高原属高原气候区，大部分地区年平均气温低于 0℃。总体而言，中国气温季节变化显著，大部分地区气温的季节变化比全球同纬度地区剧烈；全国地区间温差巨大，按照温度指标，从南到北可划分为赤道带、热带、亚热带、暖温带、温带、寒温带 6 个温度带。从时间分布看，降水多集中在夏季，降水在季节上的不均衡分布经常造成洪涝和干旱灾害；从空间分布看，区域降水量的差异巨大，年降水量从东南沿海的 1 500 多毫米向内陆逐渐减少，到西北极端干旱地区不足 50 毫米。

（二）气候灾害

中国是气候灾害严重的国家。气候灾害频率高、强度大、影响面广，造成的直接损失严重。2014 年，全国农作物受灾面积 2 489 万公顷，其中绝收 309 万公顷；因洪涝和地质灾害造成直接经济损失 1 030 亿元，因旱灾造成直接经济损失 836 亿元，因低温冷冻和雪灾造成直接经济损失 129 亿元，因海洋灾害造成直接经济损失 136 亿元[①]。

---

① 数据来源：《2014 年国民经济和社会发展统计公报》。

二、自然资源

（一）土地资源

中国土地资源的构成和分布具有三大特征：一是土地类型复杂多样，耕地、林地、草地、荒漠、滩涂等在中国都有大面积分布，但宜农土地仅占国土面积的 17.34%；二是人均耕地占有量少，2014 年中国耕地面积 13 500 万公顷，人均耕地面积为 0.099 公顷，与 2010 年基本持平；三是土地资源分布不均，东北平原、华北平原、长江中下游平原、珠江三角洲和四川盆地是耕地分布最为集中的地区，草原多分布在北部和西部，而森林主要集中分布在东北地区、西南地区和华南地区[①]。

（二）水资源

中国是一个水资源短缺且时空分布不均的国家。2014 年，中国平均年降水量为 622.3 毫米，全国水资源总量为 2.73 万亿米^3，比常年值偏少 1.6%。全国总供水量 6 095 亿米^3，占当年水资源总量的 22.4%，其中地表水源供水量 4 921 亿米^3，约占全国总供水量的 80.8%；地下水源供水量 1 117 亿米^3，约占全国总供水量的 18.3%；其他水源供水量 57 亿米^3，约占全国总供水量的 0.9%。中国水力资源理论蕴藏年发电量为 60 829 亿千瓦时，技术可开发装机容量 66 042 万千瓦，年可发电量 29 882 亿千瓦时。2014 年，中国水电装机容量达到 30 486 万千瓦，是 2010 年的 1.4 倍，水电在全国电力装机总量中的比重达到 22.2%[②]。

（三）森林资源

中国森林资源总量相对不足、质量不高、地区分布不均。据第八次（2009—2013 年）全国森林资源清查结果，全国森林面积 2.08 亿公顷，森林覆盖率为 21.63%，活立木总蓄积 164.33 亿米^3，人工林面积 0.69 亿公顷，人工林面积仍居世界首位[③]。

---

① 数据来源：《中国统计年鉴 2015》。
② 数据来源：《中国统计年鉴 2015》。
③ 数据来源：《中国统计年鉴 2015》。

（四）草原资源

中国是一个草原资源大国，拥有各类天然草原面积近 4 亿公顷。2014 年，全国草原鲜草总产量 10.2 亿吨，较近 10 年平均水平提高 4.04%；全国草原综合植被盖度为 53.6%，较 2011 年增加 2.6 个百分点。2014 年年底，全国保留种草面积 2 200.7 万公顷，同比增长 5.5%。

第二章　社会与经济发展

一、社会发展

（一）人口

中国是世界上人口最多的国家。2014 年年末，中国总人口为 13.68 亿人，比 2010 年增加 2 691 万人，其中城镇常住人口 7.49 亿人，占中国总人口比重为 54.8%；乡村人口 6.19 亿人，占中国总人口比重为 45.2%。2014 年人口出生率为 12.37‰，死亡率为 7.16‰，自然增长率为 5.21‰（表 1-1）。

表 1-1　2014 年年末人口及其构成

指标	年末人口/万人	比重/%
全国总人口	136 782	100.0
其中：城镇	74 916	54.8
乡村	61 866	45.2
其中：男性	70 079	51.2
女性	66 703	48.8
其中：0～14 岁	22 558	16.5
15～64 岁	100 469	73.4
65 岁及以上	13 755	10.1

数据来源：《中国统计年鉴 2016》。

（二）就业

中国新增就业持续增加。2014 年年末，全国就业人员 77 253 万人。按三次产业分，第一产业、第二产业和第三产业就业人数分别为 22 790 万人、23 099 万人和 31 364 万人，分别占全国总就业人数的 29.5%、29.9% 和 40.6%。按照城乡属地关系划分，城镇就业人员为 39 310

万人，乡村就业人员为 37 943 万人，城乡从业人员比例为 50.9∶49.1。与 2010 年相比，2014 年就业人员增加了 1 148 万人，城镇就业人员超过了乡村就业人员（2010 年城乡就业人员比例为 45.6∶54.4）[①]。

（三）教育卫生

中国教育卫生基本公共服务供给仍然不足。2014 年中国普通小学在校学生 9 451.1 万人，普通初中在校学生 4 384.6 万人，普通高中在校学生 2 400.5 万人，普通高等学校在校学生 2 547.7 万人。每十万人口平均拥有高等学校学生 2 488 人，高中阶段学生 3 065 人，初中阶段学生 3 222 人，小学生 6 946 人。2014 年中国有医疗卫生机构 98.2 万家，卫生技术人员 759 万人，医疗卫生机构床位数 660 万张，每万人拥有执业医师 21.2 人，每万人医疗床位 48.3 张，医疗基础设施水平不断提高[②]。

（四）贫困人口

中国农村贫困人口数量逐年下降。按照年人均收入 2 300 元（2010 年不变价）的农村扶贫标准计算，2014 年农村贫困人口为 7 017 万人，比 2010 年的 1.66 亿人大幅减少[③]。贫困人口主要分布在资源匮乏、自然环境较差的地区，消除贫困的难度很大。

（五）环境保护

中国生态环境恶化趋势尚未得到根本扭转。2014 年，中国废水中化学需氧量和氨氮排放量分别为 2 294.6 万吨和 238.5 万吨，废气中二氧化硫和氮氧化物排放量分别为 1 974.4 万吨和 2 078.0 万吨。与 2010 年相比，化学需氧量和氨氮分别增加 85.3%和 98.3%，二氧化硫和氮氧化物[④]分别减少 9.6%和 13.6%[⑤]。全国开展空气质量新标准监测的 161 个城市中，有 16 个城市空气质量年均值达标，145 个城市空气质量超标。全国 470 个城市开展了降水监测，酸雨城市比例为 29.8%。春季、夏季和秋季，全海域劣于第四类海水水质标准的海域主要分布在辽东湾、

---

① 数据来源：《中国统计年鉴 2015》。
② 数据来源：《中国统计年鉴 2015》。
③ 数据来源：《中国统计年鉴 2015》。
④ 因缺乏 2010 年排放量统计数据，氮氧化物减少 13.6%是与 2011 年相比较的结果。
⑤ 数据来源：《中国统计年鉴 2011》《中国统计年鉴 2012》《中国统计年鉴 2015》。

渤海湾、莱州湾、长江口、杭州湾、浙江沿岸、珠江口等近岸海域[①]。

二、经济发展

（一）经济发展水平

中国是一个经济发展水平处于中等的发展中国家。2014 年中国国民总收入 644 791.1 亿元，国内生产总值 643 974.0 亿元，人均国内生产总值约为 47 203 元，按 2014 年汇率折算，约合人均 7 684 美元[②]，按照世界银行的划分标准，中国经济发展水平相当于中等偏上收入国家。2011—2014 年，中国国内生产总值年均增速为 8.1%。当前中国经济发展进入新常态，增长速度从高速转向中高速，发展方式从规模速度型转向质量效率型，经济结构调整从增量扩能为主转向调整存量、做优增量并举，发展动力从主要依靠资源和低成本劳动力等要素投入转向创新驱动，中国经济向形态更高级、分工更优化、结构更合理阶段演化的趋势更加明显。

（二）经济结构与产业发展

中国经济结构仍处于转型期。2014 年，中国国内生产总值中第一产业、第二产业、第三产业的占比分别为 9.1%、43.1%、47.8%，与 2010 年相比，第一产业、第二产业所占比重分别下降了 0.4 个百分点和 3.3 个百分点，第三产业所占比重增加了 3.7 个百分点。随着现代服务业等第三产业的快速发展，第三产业占比已经超过了第二产业，中国第二产业占比高的情况正在发生变化。2014 年，中国农林牧渔业总产值达到 102 226.1 亿元，农作物总播种面积16 544.6 万公顷，粮食总产量达到 60 703 万吨，比 2010 年增加 6 055 万吨[③]。

（三）收入与消费水平

中国城乡居民收入增长与经济增速基本同步。2014 年，全国居民人均可支配收入 20 167.1元，其中城镇居民人均可支配收入 28 843.9 元，农村居民人均可支配收入 10 488.9 元。全国

---

① 数据来源：《2014 中国环境状况公报》。
② 数据来源：《中国统计年鉴 2016》。
③ 数据来源：《中国统计年鉴 2016》。

居民人均消费支出 14 491.4 元，其中，城镇居民人均消费支出 19 968.1 元，农村居民人均消费支出 8 382.6 元。居民收入与消费水平与 2010 年相比显著增长（表 1-2）。

表 1-2　中国居民收入与支出变化情况[①]　　　　　　　　　　　单位：元

指标	2010 年	2014 年
城镇居民人均可支配收入	19 109	28 843.9
农村居民人均可支配收入	5 919	10 488.9
城镇居民人均消费支出	13 472	19 968.1
农村居民人均消费支出	4 382	8 382.6

（四）对外经济贸易

中国是一个进出口贸易大国。2014 年，中国货物进出口总额、实际使用外资额、对外承包工程合同金额和对外承包工程完成营业额分别达到 43 015 亿美元、1 197 亿美元、1 918 亿美元和 1 424 亿美元，与 2010 年相比，分别提高了 44.6%、10.0%、42.7% 和 54.4%，对外经济贸易规模不断扩大[②]。

① 数据来源：《中国统计年鉴 2016》。
② 数据来源：《中国统计年鉴 2015》。

第三章　国家发展战略与目标

为实现中华民族伟大复兴的梦想，中国提出了"两个一百年"奋斗目标：到 2020 年全面建成小康社会，到 2050 年建成社会主义现代化国家。为实现上述目标，中共中央、国务院先后发布了《关于加快推进生态文明建设的意见》《生态文明体制改革总体方案》等重要文件，明确把加快推进生态文明建设作为积极应对气候变化、维护全球生态安全的重大举措，把绿色发展、循环发展、低碳发展作为生态文明建设的基本途径，加快建立系统完整的生态文明制度体系，增强生态文明体制改革的系统性、整体性、协同性。《中华人民共和国国民经济和社会发展第十三个五年规划纲要》提出把"创新、协调、绿色、开放、共享"作为中国发展的核心理念，绿色发展在国家发展战略中的地位进一步提升。

（一）在经济社会发展方面，中国政府提出了到 2020 年的主要目标

（1）经济保持中高速增长。在提高发展平衡性、包容性、可持续性基础上，2020 年国内生产总值和城乡居民人均收入比 2010 年翻一番，"十三五"时期国内生产总值年均增长 6.5%，居民人均可支配收入年均增速高于 6.5%，主要经济指标平衡协调，发展质量和效益明显提高，服务业增加值占国内生产总值比重达到 56%。

（2）发展协调性明显增强。继续加大消费对经济增长贡献，使投资效率和企业效率明显上升。改善城镇化质量，提高户籍人口城镇化率，常住人口城镇化率达到 60%。形成区域协调发展新格局，优化发展空间布局。提高对外开放的深度和广度，增强全球配置资源能力，优化进出口结构，国际收支基本平衡。

（3）人民生活水平和质量普遍提高。健全就业、教育、文化体育、社保、医疗、住房等公共服务体系，稳步提高基本公共服务均等化水平，增加劳动年龄人口受教育年限，增加就业，缩小收入差距，增加中等收入人口比重，对贫困人口实施精准扶贫，2020 年解决区域性整体贫困问题。

（4）生态环境质量总体改善。提升生产方式和生活方式绿色、低碳水平，大幅提高能源

资源开发利用效率，有效控制能源和水资源消耗、建设用地、碳排放总量，大幅减少主要污染物排放总量，主体功能区布局和生态安全屏障基本形成。

（二）在应对气候变化方面，中国政府提出了到 2020 年的主要目标与任务

（1）减缓方面。2020 年单位国内生产总值二氧化碳排放在 2015 年的基础上降低 18%，推进工业、能源、建筑、交通等重点领域低碳发展，有效控制电力、钢铁、建材、化工等重点行业碳排放。推进能源生产和消费革命，非化石能源占一次能源消费比重达到 15%，能源消费总量控制在 50 亿吨标准煤以内。支持优化开发区域和低碳试点城市率先实现碳排放达峰，为 2030 年全国碳排放达峰并尽可能提前达峰奠定坚实基础。深化各类低碳试点，实施近零碳排放区示范工程。控制非二氧化碳温室气体排放。推动建设全国统一的碳排放权交易市场，实行重点单位碳排放报告、核查、核证和配额管理制度。健全统计核算、评价考核和责任追究制度，完善碳排放标准体系。加大低碳技术和产品推广应用力度。

（2）适应方面。增强重点领域和生态脆弱地区适应气候变化能力。初步建立农业适应技术标准体系，农田灌溉水有效利用系数提高到 0.55 以上；沙化土地治理面积占可治理沙化土地治理面积的 50% 以上；森林生态系统稳定性增强，林业有害生物成灾率控制在 4‰ 以下；增强城市适应气候变化能力和水平；提高城乡供水保证率；改善沿海脆弱地区和低洼地带适应能力，增强重点城市城区及其他重点地区防洪除涝抗旱能力；科学防范和应对极端天气与气候灾害，逐步完善预测预警和防灾减灾体系。

2015 年巴黎气候变化大会前夕，中国政府进一步提出了 2020 年以后应对气候变化国家自主贡献的行动目标：二氧化碳排放 2030 年前后达到峰值并争取尽早达峰，2030 年单位国内生产总值二氧化碳排放比 2005 年下降 60%～65%，非化石能源占一次能源消费比重达到 20% 左右，森林蓄积量比 2005 年增加 45 亿米^3 左右。

第四章　国家应对气候变化组织机构

为切实加强对应对气候变化和节能减排工作的领导，2007 年 6 月，中国政府决定成立国家应对气候变化及节能减排工作领导小组（以下简称领导小组），对外视工作需要可称国家应对气候变化领导小组或国务院节能减排工作领导小组（一个机构两个牌子），作为国家应对气候变化和节能减排工作的议事协调机构。2013 年根据国务院机构设置及人员变动情况和工作需要，领导小组组长由国务院总理李克强担任，成员单位由成立之初的 20 个调整至 26 个，除中国民用航空局与交通运输部合并外，新增了教育部、民政部、国有资产监督管理委员会、国家税务总局、国家质量监督检验检疫总局、国家机关事务管理局、法制办公室 7 个成员单位，办公室设在国家发展和改革委员会（以下简称国家发展改革委），承担领导小组的具体工作。2015 年领导小组研究提交了国家自主贡献文件。为加强应对气候变化的战略研究和国际合作，2012 年在国家发展改革委下成立了国家应对气候变化战略研究和国际合作中心（以下简称国家气候战略中心），其主要职责为组织开展中国应对气候变化政策、法规、规划等方面的研究工作。

各省（区、市）人民政府按照中央政府的要求，相继成立了由政府主要领导任组长、有关部门参加的地方应对气候变化领导小组，负责领导和协调各地应对气候变化工作，并在省级发展改革部门设立了应对气候变化工作机构（图 1-1）。

根据中国政府应对气候变化工作的部门职责分工，国家发展改革委负责组织编写了《中华人民共和国气候变化第三次国家信息通报》和《中华人民共和国气候变化第一次两年更新报告》，包括组织有关单位编制 2010 年和 2012 年的国家温室气体清单（详见第二部分）。

国家应对气候化及节能减排工作领导小组

成员单位：

外交部	国家发展改革委
教育部	科技部
工业和信息化部	民政部
财政部	国土资源部
环境保护部	住房和城乡建设部
交通运输部	水利部
农业部	商务部
卫生计生委	国有资产监督管理委员会
国家税务总局	国家质量监督检验检疫总局
国家统计局	国家林业局
国家机关事务管理局	法制办
中国科学院	国家气象局
国家能源局	国家海洋局

省级应对气候变化领导小组

成员单位：
省级发展改革委
省级财政厅等部门

领导小组办公室设在省级发展改革委

领导小组办公室设在国家发展改革委

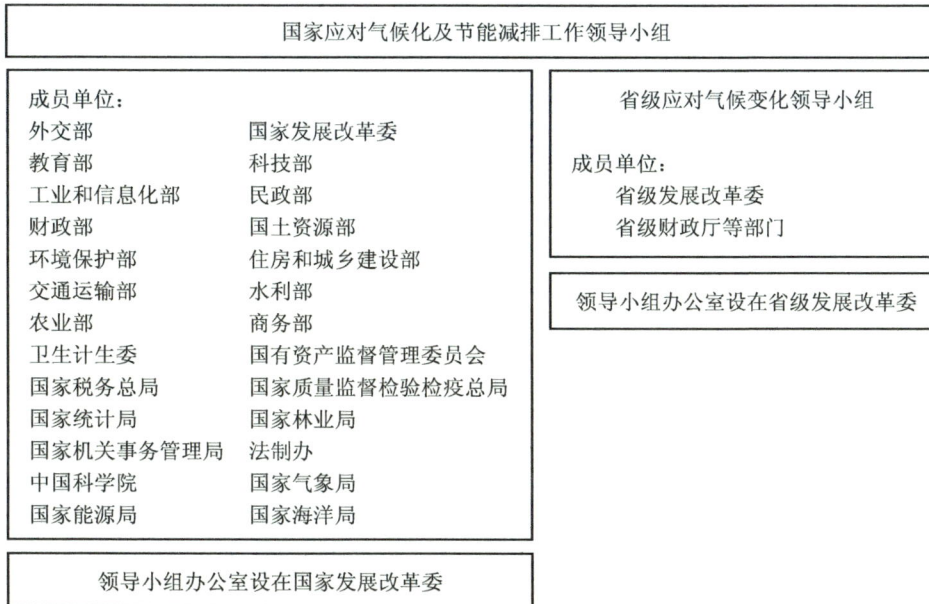

图 1-1　中国应对气候变化综合协调机构

第二部分

国家温室气体清单

根据《公约》相关决定的要求和中国的实际情况，2012 年国家温室气体清单编制和报告范围包括能源活动、工业生产过程、农业活动、土地利用变化和林业、废弃物处理五个领域的二氧化碳（CO_2）、甲烷（CH_4）、氧化亚氮（N_2O）、氢氟碳化物（HFCs）、全氟化碳（PFCs）和六氟化硫（SF_6）六类气体。国家温室气体清单编制方法主要采用了《IPCC 国家温室气体清单编制指南（1996 年修订版）》（以下简称《1996 年 IPCC 清单指南》）和《IPCC 国家温室气体清单优良作法指南和不确定性管理》（以下简称《IPCC 优良作法指南》），活动水平数据主要来自官方统计，排放因子优先采用 2012 年本国特征化参数。与第二次国家信息通报报告的 2005 年国家温室气体清单相比，2012 年国家温室气体清单的完整性和可比性有所提高。

第一章　清单编制机构安排

为更好地开展国家温室气体清单编制工作，中国初步建立了温室气体清单编制国家体系。国家发展改革委负责编制国家温室气体清单，包括选择国内专业研究机构和高等院校等清单编制单位，会同国家统计局组织有关部门为温室气体清单编制提供基础统计数据，协调行业协会和典型企业提供相关资料，并建立国家温室气体清单数据库以支持清单编制和数据管理。

在第一次和第二次气候变化信息通报编制工作的基础上，国家发展改革委通过招投标方式，选择确定了国家气候战略中心、清华大学、中国农业科学院农业环境与可持续发展研究所、中国科学院大气物理研究所、中国林业科学研究院森林生态环境与保护研究所、中国环境科学研究院等单位分别承担2012年中国能源活动、工业生产过程、农业活动、土地利用变化和林业、废弃物处理温室气体清单编制（表2-1）。国家发展改革委能源研究所、复旦大学、中国特种设备检测研究院、环境保护部环境保护对外合作中心、国家林业局调查规划设计院、中国林业科学研究院林业新技术研究所等单位参与了相关领域的清单研究工作。在各领域清单编制成果的基础上，国家发展改革委组织国家应对气候变化及节能减排工作领导小组成员单位及相关专家开展广泛讨论，最终形成了2012年国家温室气体清单。

表 2-1　中国 2012 年国家温室气体清单编制机构安排

单　位	职　责
国家发展改革委	总负责
国家气候战略中心	能源活动温室气体清单编制 国家温室气体清单数据库建立
清华大学	工业生产过程温室气体清单编制
中国农业科学院农业环境与可持续发展研究所	农业活动温室气体清单（畜牧业）编制
中国科学院大气物理研究所	农业活动温室气体清单（农田）编制
中国林业科学研究院森林生态环境与保护研究所	土地利用变化和林业温室气体清单编制
中国环境科学研究院	废弃物处理温室气体清单编制

第二章 排放源范围和计算方法

一、关键类别分析

关键类别是指由于绝对排放量较大或不确定性较高，从而对清单结果准确性有较大影响的排放源或吸收汇。为提高清单编制质量，关键类别一般需采用层级较高的计算方法。根据《IPCC 优良作法指南》和《IPCC 土地利用、土地利用变化和林业优良作法指南》关键类别确定方法，清单编制机构采用定量和定性方法分析了 2005 年国家温室气体清单的关键类别。分析结果表明，2005 年国家温室气体清单共有 51 个关键类别，包括公用电力和热力二氧化碳排放、道路交通二氧化碳排放、己二酸生产氧化亚氮排放、HCFC-22 生产过程 HFC-23 排放、稻田甲烷排放、乔木林生物质生长碳吸收、固体废物处理甲烷排放等。这些关键类别在 2012 年国家温室气体清单中都尽量采用了层级较高的计算方法以及国别排放因子。2012 年中国各领域温室气体清单计算方法见表 2-2。

表 2-2 2012 年中国各领域温室气体清单计算方法

排放源/吸收汇类别	CO_2		CH_4		N_2O	
	方法论	排放因子	方法论	排放因子	方法论	排放因子
能源工业（1A1）	T2	CS	T1	D	T1	D
制造业和建筑业（1A2）	T2	CS	T1	D	T1	D
交通运输（1A3）	T2	CS	T1, T3	D, CS	T1, T3	D, CS
其他行业（1A4）	T2	CS	T1	D	T1	D
其他（1A5）	T2	CS	T1, T2	D, CS	T1	D
固体燃料逃逸排放（1B1）			T1, T2	D, CS		
石油和天然气逃逸排放（1B2）			T1, T3	D, CS		
非金属矿物制品生产（2A）	T1, T2	D, CS				
化工生产（2B）	T1, T2	D, CS			T3	CS
金属制品生产（2C）	T1, T2	D, CS	T1	D		

排放源/吸收汇类别	CO₂		CH₄		N₂O	
	方法论	排放因子	方法论	排放因子	方法论	排放因子
动物肠道发酵（4A）			T1，T2	D，CS		
动物粪便管理（4B）			T1，T2	D，CS	T1，T2	D，CS
水稻种植（4C）			T3	CS		
农用地（4D）					T1，T2	D，CS
农业废弃物田间焚烧（4F）			T1	D	T1	D
森林和其他木质生物质储量的变化（5A）	T2	CS				
森林转化（5B）	T2	CS	T1	D	T1	D
固体废物处理（6A）			T1，T2	D，CS	T1	D
污水处理（6B）			T1，T2	D，CS	T1，T2	D，CS
废弃物焚烧处理（6C）	T2	CS	T1	D	T1	D

注：方法论代码中 T1、T2、T3 分别代表层级 1、层级 2、层级 3 方法；排放因子代码中 CS 代表本国特定排放因子，D 代表 IPCC 缺省排放因子。并列出现表示该类别下的不同子类别采用了不同的层级方法或排放因子数据来源。"其他（1A5）"包括生物质燃料燃烧甲烷和氧化亚氮排放以及非能源利用的二氧化碳排放等。

二、能源活动

2012 年中国能源活动温室气体清单编制和报告范围包括燃料燃烧和逃逸排放。燃料燃烧覆盖能源工业、制造业和建筑业、交通运输、其他行业及其他类别下的二氧化碳、甲烷和氧化亚氮排放。燃料逃逸覆盖固体燃料和油气系统的甲烷排放。与 2005 年中国温室气体清单相比，新增报告内容有能源工业甲烷排放以及制造业和建筑业及其他行业甲烷和氧化亚氮排放。

燃料燃烧二氧化碳排放采用联合国政府间气候变化专门委员会（IPCC）部门法计算，并利用参考方法进行校核。道路交通运输甲烷和氧化亚氮排放采用层级 3 方法，即 COPERT 模型方法；新增报告的能源工业甲烷排放、制造业和建筑业及其他行业甲烷和氧化亚氮排放采用层级 1 方法。煤炭开采和矿后活动甲烷逃逸排放采用层级 1 和层级 2 相结合的方法，油气系统甲烷逃逸排放采用层级 1 和层级 3 相结合的方法（表 2-2）。

三、工业生产过程

2012 年中国工业生产过程温室气体清单编制和报告范围包括非金属矿物制品生产、化工生产、金属制品生产、卤烃和六氟化硫生产以及卤烃和六氟化硫消费温室气体排放。与 2005 年国家温室气体清单相比，非金属矿物制品生产增加了玻璃生产过程二氧化碳排放，化工生产增加了纯碱生产过程二氧化碳排放，金属制品生产增加了铁合金生产过程二氧化碳和甲烷排放、镁冶炼过程二氧化碳排放及铅锌冶炼过程二氧化碳排放，其中，纯碱生产过程采用层级 2 方法，其他新增排放源采用层级 1 方法。原有排放源计算方法与 2005 年国家温室气体清单相同，见表 2-2。

四、农业活动

2012 年中国农业活动温室气体清单编制和报告范围包括动物肠道发酵甲烷排放、动物粪便管理甲烷和氧化亚氮排放、稻田甲烷排放、农用地氧化亚氮排放以及农业废弃物田间焚烧甲烷和氧化亚氮排放。与 2005 年国家温室气体清单相比，动物肠道发酵和动物粪便管理把非奶牛细分为肉牛、牦牛和其他牛，农用地增加了农业废弃物田间焚烧氧化亚氮排放，其中，肉牛的肠道发酵和粪便管理甲烷排放采用层级 2 方法、牦牛和其他牛排放采用层级 1 方法，农业废弃物田间焚烧氧化亚氮排放采用层级 1 方法，其他排放源计算方法同 2005 年国家温室气体清单，见表 2-2。

五、土地利用变化和林业

2012 年中国土地利用变化和林业温室气体清单编制、报告范围包括森林和其他木质生物质碳储量变化以及森林转化排放。该领域二氧化碳排放源和吸收汇采用层级 2 方法计算，甲烷和氧化亚氮排放采用层级 1 方法，与 2005 年国家温室气体清单一致，见表 2-2。

六、废弃物处理

2012 年中国废弃物处理温室气体清单编制和报告范围包括城市固体废物处理、污水处理以及废弃物焚烧处理温室气体排放。与 2005 年国家温室气体清单相比，增加了城市生活垃圾生物处理的甲烷和氧化亚氮排放以及废弃物焚烧处理的甲烷和氧化亚氮排放。新增排放源采用层级 1 方法计算，其他排放源计算方法同 2005 年国家温室气体清单，见表 2-2。

第三章 数据来源

一、能源活动

2012 年中国化石燃料燃烧活动水平数据主要来自国家统计局提供的能源统计数据以及其他相关统计资料。考虑 2015 年国家统计局修订并发布了中国 2000 年以来的能源统计数据，化石燃料燃烧温室气体清单采用最新修订的统计数据编制，其中 2012 年煤炭、石油、天然气消费量换算成标准煤分别为 27.5 亿吨、6.8 亿吨、1.9 亿吨。

生物质燃烧活动水平数据来源为《中国农业统计年鉴 2013》等。煤炭开采和矿后活动逃逸排放的活动水平数据主要来自《中国能源统计年鉴 2014》和《中国煤炭工业年鉴 2013》。油气系统逃逸排放的活动水平数据主要来自企业提供的统计数据。固体燃料燃烧二氧化碳排放因子、道路交通甲烷和氧化亚氮排放因子等数据根据 2012 年情况进行了更新，其他排放源的排放因子数据同 2005 年国家温室气体清单。

二、工业生产过程

2012 年中国水泥熟料、粗钢和原铝产量来源于国家统计局统计资料，合成氨产量主要来源于《中国化学工业统计年鉴 2013》，石灰产量来源于中国石灰协会估算数据，硝酸产量来源于全国化工硝酸硝酸盐技术协作网调查数据，己二酸、硅铁合金和 HCFC-22 产量来源于企业调研，工业生产过程主要活动水平数据见表 2-3。水泥熟料、合成氨、己二酸和 HCFC-22 生产过程的排放因子均采用典型企业调研方法获取的 2012 年国别数据，其他排放源的排放因子采用 2005 年国家温室气体清单数据。

表 2-3 2012 年工业生产过程主要活动水平数据   单位：万 t

产品	产量	产品	产量
水泥熟料	130 392	硅铁合金	583
粗钢	73 104	电解铝	2 025
合成氨	5 528	HCFC-22	57.8

三、农业活动

2012 年中国农业活动的活动水平数据主要来源于《中国农业年鉴 2013》《中国统计年鉴 2013》和《中国畜牧业年鉴 2013》，主要活动水平数据见表 2-4。农田氧化亚氮直接排放因子采用观测数据。奶牛、肉牛、水牛、绵羊和山羊肠道发酵，猪、肉牛、奶牛等主要动物的粪便管理甲烷排放因子，以及稻田甲烷排放因子采用 2012 年国别数据。其他排放源的排放因子采用 2005 年国家温室气体清单数据。

表 2-4 2012 年农业活动主要活动水平数据

指标	活动水平	指标	活动水平
奶牛存栏量/万头	1 494	生猪存栏量/万头	47 592
肉牛存栏量/万头	6 339	农作物总播种面积/万 hm^2	16 342
水牛存栏量/万头	1 057	粮食作物播种面积/万 hm^2	11 120
山羊存栏量/万只	14 136	氮肥消费量/万 t	2 400
绵羊存栏量/万只	14 368	复合肥折纯消费量/万 t	1 990

四、土地利用变化和林业

2012 年中国土地利用变化和林业清单编制采用了全国第六次至第九次森林资源连续清查资料数据，并根据各省（区、市）实际清查年份采用内插或外推法获得 2012 年各省（区、市）活动水平数据，全国数据由各省（区、市）数据加总获得。生物量扩展因子、生物量含碳量等参数采用 2005 年国家温室气体清单数据。

五、废弃物处理

2012 年中国废弃物处理活动水平数据来源于《中国城市建设统计年鉴 2012》和《中国环境统计年鉴 2012》等，废弃物处理活动水平相关数据见表 2-5。固体废物处理排放因子采用 2012 年国别数据，其他排放因子采用 2005 年国家温室气体清单数据。

表 2-5 2012 年废弃物处理活动水平相关数据   单位：万 t

指标	活动水平相关数据
城市生活垃圾填埋处理量	10 512
废弃物焚烧量	4 176
城市生活垃圾生物处理量	393
废水排放 COD 总量	2 424

第四章　2012 年国家温室气体清单

一、综述

2012 年中国温室气体排放总量（不包括土地利用变化和林业）为 118.96 亿吨二氧化碳当量（表 2-6），其中二氧化碳、甲烷、氧化亚氮、氢氟碳化物、全氟碳化物和六氟化硫所占的比重分别为 83.2%、9.9%、5.4%、1.3%、0.1% 和 0.2%；土地利用变化和林业的温室气体吸收汇为 5.76 亿吨二氧化碳当量，考虑温室气体吸收汇后，温室气体净排放总量为 113.20 亿吨二氧化碳当量。2012 年中国温室气体总量及构成见表 2-6 和表 2-7。

表 2-6　2012 年中国温室气体总量　　　　　单位：亿 t 二氧化碳当量

指标	二氧化碳	甲烷	氧化亚氮	氢氟碳化物	全氟化碳	六氟化硫	合计
能源活动	86.88	5.79	0.69				93.37
工业生产过程	11.93	0.00	0.79	1.54	0.12	0.24	14.63
农业活动		4.81	4.57				9.38
废弃物处理	0.12	1.14	0.33				1.58
土地利用变化和林业	−5.76	0.00	0.00				−5.76
总量（不包括土地利用变化和林业）	98.93	11.74	6.38	1.54	0.12	0.24	118.96
总量（包括土地利用变化和林业）	93.17	11.74	6.38	1.54	0.12	0.24	113.20

注：1. 阴影部分不需填写；0.00 表示计算结果小于 0.005；由于四舍五入的原因，表中各分项之和与合计可能有微小的出入。
　　2. 全球增温潜势值采用《IPCC 第二次评估报告》中 100 年时间尺度下的数值（表 2-8）。

表 2-7　2012 年中国温室气体排放和吸收构成

温室气体	不包括土地利用变化和林业		包括土地利用变化和林业	
	亿 t 二氧化碳当量	比重/%	亿 t 二氧化碳当量	比重/%
二氧化碳	98.93	83.2	93.17	82.3
甲烷	11.74	9.9	11.74	10.4
氧化亚氮	6.38	5.4	6.38	5.6
含氟气体	1.91	1.6	1.91	1.7
合计	118.96	100.0	113.20	100.0

注：由于四舍五入的原因，表中各项比重之和可能不足或高于 100.0%。

表 2-8　清单所涉及温室气体的全球增温潜势

温室气体种类	全球增温潜势	温室气体种类	全球增温潜势
CO_2	1	HFC-152a	140
CH_4	21	HFC-227ea	2 900
N_2O	310	HFC-236fa	6 300
HFC-23（CHF_3）	11 700	HFC-245fa	1 030
HFC-32	650	PFC-14（CF_4）	6 500
HFC-125	2 800	PFC-116（C_2F_6）	9 200
HFC-134a	1 300	SF_6	23 900
HFC-143a	3 800	—	—

注：HFC-245fa 全球增温潜势值采用《IPCC 第四次评估报告》中 100 年时间尺度下的数值。

能源活动是中国温室气体的主要排放源。2012 年中国能源活动排放量占温室气体总排放量（不包括土地利用变化和林业）的 78.5%，工业生产过程、农业活动和废弃物处理的温室气体排放量所占比重分别为 12.3%、7.9%和 1.3%，如图 2-1 所示。

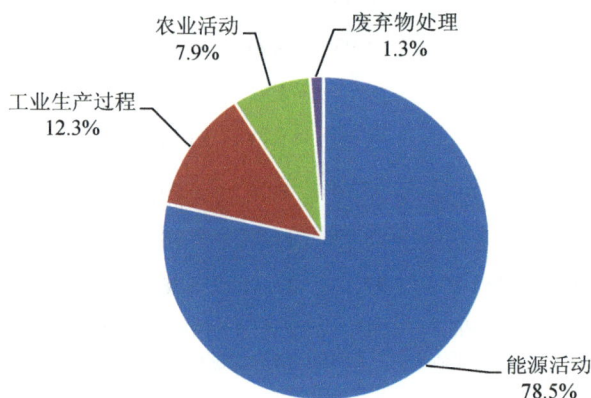

图 2-1　2012 年中国温室气体排放部门构成

（一）二氧化碳

2012 年中国二氧化碳排放量（不包括土地利用变化和林业）为 98.93 亿吨，其中，能源活动排放 86.88 亿吨，占 87.8%；工业生产过程排放 11.93 亿吨，占 12.1%；废弃物处理排放

0.12 亿吨，占 0.1%，见表 2-6。土地利用变化和林业表现为碳吸收汇，共吸收二氧化碳 5.76 亿吨。此外，2012 年国际航空排放 0.17 亿吨二氧化碳，国际航海排放 0.27 亿吨二氧化碳，生物质燃烧排放 8.13 亿吨二氧化碳，作为信息项报告不计入清单排放总量，见表 2-9。

表 2-9　2012 年中国二氧化碳、甲烷和氧化亚氮清单　　　　单位：10^3 t

温室气体排放源与吸收汇的种类	CO_2	CH_4	N_2O
总量（包括土地利用变化和林业）	9 317 408	55 915	2 059
1. 能源活动	8 688 288	27 586	224
燃料燃烧	8 688 288	2 620	224
能源工业	4 078 222	48	89
制造业和建筑业	3 205 343	204	52
交通运输	788 625	78	22
其他行业	542 600	758	7
其他	73 498	1 531	55
逃逸排放		24 966	
固体燃料		23 847	
油气系统		1 119	
2. 工业生产过程	1 193 164	6	255
非金属矿物制品	834 034		
化学工业	131 076	NE	255
金属制品生产	228 055	6	NE
卤烃和六氟化硫生产			
卤烃和六氟化硫消费			
3. 农业活动		22 886	1 475
动物肠道发酵		10 743	
动物粪便管理		3 331	249
水稻种植		8 458	
农用地		NE	1 218
农业废弃物田间焚烧		354	8
4. 土地利用变化和林业	−575 848	14	0
森林和其他木质生物质碳储量的变化	−597 529		

温室气体排放源与吸收汇的种类	CO$_2$	CH$_4$	N$_2$O
森林转化	21 681	14	0
5. 废弃物处理	11 804	5 423	105
固体废物处理		2 531	1
污水处理		2 892	97
废弃物焚烧处理	11 804	0	7
信息项			
国际航空	16 796	0	0
国际航海	27 094	3	1
生物质燃烧	813 325		

注：阴影部分不需填写；0 表示数值低于 0.5；NE（未计算）表示对现有源排放量和汇清除没有计算；由于四舍五入的原因，表中各分项之和与总计可能有微小的出入；信息项不计入排放总量。

（二）甲烷

2012 年中国甲烷排放量为 5 591.5 万吨，其中，能源活动排放 2 758.6 万吨，占 49.3%；工业生产过程排放 0.6 万吨；农业活动排放 2 288.6 万吨，占 40.9%；土地利用变化和林业排放 1.4 万吨；废弃物处理排放 542.3 万吨，占 9.7%。

（三）氧化亚氮

2012 年中国氧化亚氮排放量为 205.9 万吨，其中，能源活动排放 22.4 万吨，占 10.9%；工业生产过程排放 25.5 万吨，占 12.4%；农业活动排放 147.5 万吨，占 71.6%；土地利用变化和林业排放 0.01 万吨；废弃物处理排放 10.5 万吨，占 5.1%。

（四）含氟气体

2012 年中国含氟气体排放量为 1.91 亿吨二氧化碳当量，全部来自工业生产过程。其中，金属制品生产排放 0.11 亿吨二氧化碳当量，占 5.8%；卤烃和六氟化硫生产排放 1.18 亿吨二氧化碳当量，占 61.8%；卤烃和六氟化硫消费排放 0.62 亿吨二氧化碳当量，占 32.5%，见表 2-10。

表 2-10　2012 年中国含氟气体排放量

单位：10³ t

温室气体排放源与吸收汇种类	HFC-23	HFC-32	HFC-125	HFC-134a	HFC-143a	HFC-152a	HFC-227ea	HFC-236fa	HFC-245fa	CF₄	C₂F₆	SF₆
总排放量	9.9	0.2	0.3	28.8	0.1	0.2	0.0	0.0	0.1	1.6	0.2	1.0
1. 能源活动												
2. 工业生产过程	9.9	0.2	0.3	28.8	0.1	0.2	0.0	0.0	0.1	1.6	0.2	1.0
非金属矿物制品												
化学工业												
金属制品生产	NE	NE	NE	NE	NE	NE	NE	NE	NE	1.4	0.2	NE
卤烃和六氟化硫生产	9.9	0.2	0.3	0.7	0.1	0.2	0.0	0.0	0.0	0.0	0.0	NE
卤烃和六氟化硫消费	NE	NE	NE	28.0	NE	NE	NE	NE	0.1	0.1	0.0	1.0
3. 农业活动												
4. 土地利用变化和林业												
5. 废弃物处理												

注：阴影部分不需填写；0.0 表示数值低于 0.05；NE（未计算）表示对现有源排放量和汇清除没有计算。

二、能源活动

2012 年中国能源活动温室气体排放 93.37 亿吨二氧化碳当量，其中，燃料燃烧排放 88.13 亿吨二氧化碳当量，占 94.4%；燃料逃逸排放 5.24 亿吨二氧化碳当量，占 5.6%。

从气体种类构成看，二氧化碳排放量为 86.88 亿吨，全部来自燃料燃烧；甲烷排放 2 758.6 万吨，其中燃料燃烧排放占 9.5%，逃逸排放占 90.5%；氧化亚氮排放为 22.4 万吨，全部来自燃料燃烧。

三、工业生产过程

2012 年中国工业生产过程温室气体排放总量为 14.63 亿吨二氧化碳当量，其中，非金属矿物制品排放 8.34 亿吨，占 57.0%；化学工业排放 2.10 亿吨，占 14.4%；金属制品生产排放 2.39 亿吨，占 16.3%；卤烃和六氟化硫生产排放 1.18 亿吨，占 8.1%；卤烃和六氟化硫消费排放 0.62 亿吨，占 4.2%。

从气体种类构成看，二氧化碳排放量为 11.93 亿吨，其中，非金属矿物制品排放占 69.9%，化学工业排放占 11.0%，金属制品生产排放占 19.1%；甲烷排放 0.6 万吨，全部来自金属制品生产；氧化亚氮排放为 25.5 万吨，全部来自化学工业；氢氟碳化物排放量为 1.54 亿吨二氧化碳当量，其中生产排放占 76.3%，消费排放占 23.7%；全氟化碳排放量为 0.12 亿吨二氧化碳当量，其中金属制品生产排放占 91.1%，卤烃和六氟化硫生产、消费排放分别占 0.3%、8.6%；六氟化硫排放量为 0.24 亿吨二氧化碳当量，全部来自卤烃和六氟化硫消费排放。

四、农业活动

2012 年中国农业活动温室气体排放总量为 9.38 亿吨二氧化碳当量，其中，动物肠道发酵排放 2.26 亿吨，占 24.1%；动物粪便管理排放 1.47 亿吨，占 15.7%；水稻种植排放 1.78 亿吨，占 18.9%；农用地排放 3.78 亿吨，占 40.3%；农业废弃物田间焚烧排放 0.10 亿吨，占 1.1%。

从气体种类构成看，甲烷排放 2 288.6 万吨，其中动物肠道发酵排放占 46.9%，动物粪便管理排放占 14.6%，水稻种植排放占 37.0%，农业废弃物田间焚烧排放占 1.5%；氧化亚氮排放 147.5 万吨，其中动物粪便管理排放占 16.9%，农用地排放占 82.6%，农业废弃物田间焚烧排放占 0.6%。

五、土地利用变化和林业

2012 年中国土地利用变化和林业吸收 5.76 亿吨二氧化碳当量，其中，森林和其他生物质碳储量变化吸收 5.98 亿吨二氧化碳当量，森林转化排放 0.22 亿吨二氧化碳当量。

从气体种类构成看，二氧化碳吸收 5.76 亿吨，其中森林和其他生物质碳储量变化吸收 5.98 亿吨，森林转化排放 0.22 亿吨；甲烷排放 1.4 万吨，全部来自森林转化；氧化亚氮排放为 120 吨，全部来自森林转化。

六、废弃物处理

2012 年中国废弃物处理温室气体排放总量为 1.58 亿吨二氧化碳当量，其中，固体废物处理排放 0.54 亿吨，占 33.8%；废水处理排放 0.91 亿吨，占 57.3%；废弃物焚烧处理排放 0.14 亿吨，占 8.9%。

从气体种类构成看，二氧化碳排放 0.12 亿吨，全部来自废弃物焚烧处理排放；甲烷排放 542.3 万吨，其中固体废物处理排放占 46.7%，废水处理排放占 53.3%；氧化亚氮排放 10.5 万吨，其中固体废物处理排放占 1.1%，废水处理排放占 91.8%，废弃物焚烧处理排放占 7.0%。

第五章　质量保证和质量控制

一、质量保证和质量控制工作

在 2012 年国家温室气体清单编制过程中，为降低清单不确定性，提高清单编制质量，清单编制机构注重加强质量保证和质量控制工作。

在清单编制方法方面，清单编制机构开展了关键类别分析，分析结果用于指导 2012 年清单编制方法的选择。其关键类别在 2012 年国家温室气体清单中都尽量采用了层级较高的计算方法以及国别排放因子，从而提高了清单估算结果的准确性。

在活动水平数据方面，国家统计局建立了应对气候变化部门统计报表制度，细化和增加了能源统计品种，逐步把温室气体清单编制所需的活动水平数据纳入政府统计体系。在估算煤炭燃烧二氧化碳排放方面，进一步增加了对主要耗煤行业分煤种分用途煤炭低位发热量的调查研究。此外，清单编制机构及时采用了国家最新修订的统计数据，以保证清单计算结果准确反映中国的实际排放水平。

在排放因子方面，国家统计局初步建立了相关参数统计调查制度，清单编制机构及其他相关单位专门开展了煤化工行业固碳率研究，以及主要畜禽氮排泄量测定、农用地氧化亚氮直接排放因子田间实验测定，获得了国别排放因子及相关参数。在 2012 年中国温室气体清单编制过程中，优先采用 2012 年国别排放因子，其次采用 2005 年国别数据，国别数据无法获得时采用 IPCC 相关指南的缺省值。

在数据管理方面，清单编制机构重视数据文档管理，及时保存清单编制相关支撑材料。国家清单编制团队就数据管理及质量控制与加拿大、美国、荷兰、日本、韩国等国及联合国粮农组织等国际机构开展了交流。同时，为保证清单相关数据的电子化管理水平，中国还建立了国家和各领域温室气体清单数据库系统。

此外，清单编制机构组织召开了多次技术研讨会，与国内其他研究机构和专家进行学术交流和讨论，充分吸纳相关研究成果，同时还邀请没有参与清单编制工作的专家对清单编制方法和结果进行独立分析和审评，为清单质量保证提供支持。

二、不确定性分析

根据《IPCC 优良作法指南》的误差传递法分析，2012 年国家温室气体清单总不确定性为 5.4%，其中能源活动、工业生产过程、农业活动、土地利用变化和林业、废弃物处理领域的不确定性分别为 5.5%、4.4%、21.3%、43.2%、24.0%，见表 2-11。

表 2-11　2012 年国家温室气体清单不确定性分析结果

领域	排放量/亿 t 二氧化碳当量	不确定性/%
能源活动	93.37	5.5
工业生产过程	14.63	4.4
农业活动	9.38	21.3
土地利用变化和林业	−5.76	43.2
废弃物处理	1.58	24.0
总不确定性		5.4

表 2-15   2005 年中国温室气体排放构成

温室气体	不包括土地利用变化和林业		包括土地利用变化和林业	
	亿 t 二氧化碳当量	比重/%	亿 t 二氧化碳当量	比重/%
二氧化碳	59.76	80.0	55.54	78.8
甲烷	9.33	12.5	9.33	13.3
氧化亚氮	3.94	5.3	3.94	5.6
含氟气体	1.65	2.2	1.65	2.3
合计	74.67	100.0	70.46	100.0

第二部分
减缓行动及其效果

2010 年中国政府向《公约》秘书处提交了国家适当减缓行动。"十二五"以来，中国高度重视气候变化问题，把积极应对气候变化作为经济社会发展的重大战略，把控制温室气体排放作为应对气候变化的重要任务，把绿色低碳发展作为生态文明建设的重要途径，采取了一系列政策与行动，为应对全球气候变化作出了重要贡献。

第一章 控制温室气体排放目标与行动

"十二五"时期，中国政府组织实施了《中国应对气候变化国家方案》《"十二五"控制温室气体排放工作方案》《"十二五"节能减排综合性工作方案》《节能减排"十二五"规划》《2014—2015 年节能减排低碳发展行动方案》和《国家应对气候变化规划（2014—2020 年）》，合理控制能源消费总量，加快推进产业结构和能源结构调整，大力开展节能降碳和生态建设，努力控制非能源活动温室气体排放，扎实开展低碳试点、碳排放权交易试点，积极推进国际合作，不断探索符合中国国情的低碳发展新模式。

一、"十二五"控制温室气体排放目标与任务

根据中国政府提出的到 2020 年单位国内生产总值二氧化碳排放比 2005 年下降 40%～45%，非化石能源占一次能源消费的比重达到 15%左右，森林面积比 2005 年增加 4 000 万公顷，森林蓄积量比 2005 年增加 13 亿米^3 等"国家适当减缓行动"（NAMAs），2011 年《中华人民共和国国民经济和社会发展第十二个五年规划纲要》首次将单位国内生产总值二氧化碳排放降低作为约束性指标提出。2011 年国务院印发的《"十二五"控制温室气体排放工作方案》明确提出，大幅降低单位国内生产总值二氧化碳排放，到 2015 年全国单位国内生产总值二氧化碳排放比 2010 年下降 17%；控制非能源活动二氧化碳排放和甲烷、氧化亚氮、氢氟碳化物、全氟化碳、六氟化硫等温室气体排放取得成效。

为了实现上述目标，《"十二五"控制温室气体排放工作方案》明确要求综合运用多种控制措施，主要包括：大力发展服务业和战略性新兴产业，到 2015 年服务业增加值和战略性新兴产业增加值占国内生产总值比例提高到 47%和 8%左右；大力发展循环经济，加强节能能力建设；实施节能重点工程，形成 3 亿吨标准煤的节能能力，单位国内生产总值能耗比 2010 年下降 16%；到 2015 年，非化石能源占一次能源消费比例达到 11.4%；"十二五"时期，新增森林面积 1 250 万公顷，森林覆盖率提高到 21.66%，森林蓄积量增加 6 亿米^3。

二、"十二五"控制温室气体排放行动与成效

"十二五"时期，中国通过法律、行政、技术、市场等多种手段，探索符合中国国情的低碳发展新模式。截至 2015 年，中国国家适当减缓行动取得积极进展：单位国内生产总值二氧化碳排放量比 2005 年下降 38.6%，比 2010 年下降 21.7%（图 3-1）；非化石能源占能源消费总量比重达到 12.0%，水电装机容量达到 3.2 亿千瓦，是 2005 年的 2.7 倍，并网风电装机容量达到 1.3 亿千瓦，是 2005 年的 123 倍，光伏装机容量达到 4 218 万千瓦，是 2005 年的 603 倍，核电装机容量达到 2 717 万千瓦，是 2005 年的 3.9 倍；森林面积比 2005 年增加 3 278 万公顷，森林蓄积量比 2005 年增加 26.8 亿米^{3}左右。

"十二五"时期，各地区重视控制温室气体排放工作，围绕地区碳强度下降目标，认真落实相关任务和措施，扎实推进基础工作和能力建设，积极探索创新本地区低碳发展体制机制，大部分地区均超额完成《"十二五"控制温室气体排放工作方案》规定的碳强度下降目标。

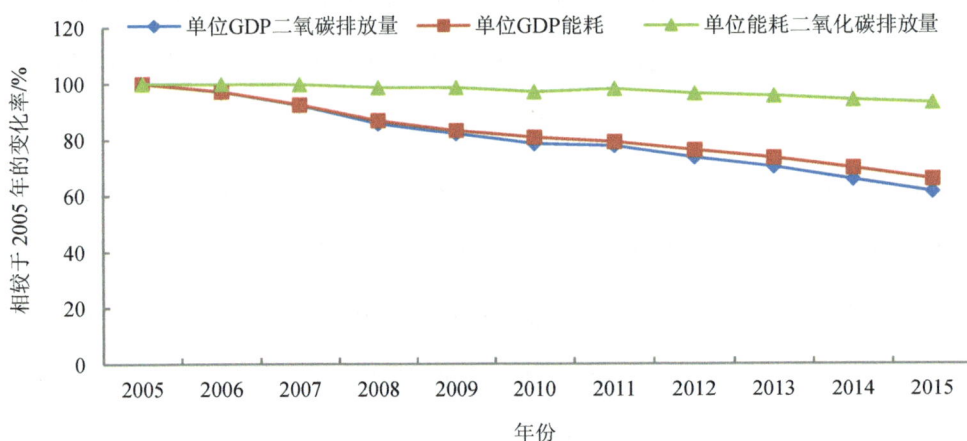

图 3-1   中国低碳能源经济转型主要指标变化情况

三、"十三五"控制温室气体排放目标与任务

根据《中华人民共和国国民经济和社会发展第十三个五年规划纲要》，中国将主动控制碳

排放，探索建立碳排放强度与碳排放总量"双控"制度，到 2020 年单位国内生产总值二氧化碳排放在 2015 年的基础上进一步降低 18%，支持优化开发区域和低碳试点城市率先实现碳排放达峰。有效控制电力、钢铁、建材、化工等重点行业碳排放，推进工业、能源、建筑、交通等重点领域低碳发展，到 2020 年单位工业增加值二氧化碳排放下降 22%，部分工业行业碳排放量达峰。加快构建清洁低碳、安全高效的现代能源体系，单位国内生产总值能耗下降 15%，非化石能源占能源消费总量比重达到 15%。增加林业碳汇，减少林业排放，到 2020 年森林面积在 2005 年的基础上增加 4 000 万公顷，森林覆盖率达到 23% 以上，森林蓄积量达到 165 亿米^3 以上。深化各类低碳试点，实施近零碳排放区示范工程。加大低碳技术和产品推广应用力度，完善碳排放标准体系，推动建设全国统一的碳排放权交易市场。

非二氧化碳温室气体排放得到有效控制，形成一批可推广的非二氧化碳排放控制技术，建成一批具有良好减排效果的重大工程，推广一批可复制的试点示范项目，到 2020 年努力实现中国能源活动甲烷排放和工业生产过程及农田氧化亚氮排放达到峰值，二氟一氯甲烷在 2010 年排放量的基础上减少 35%，三氟甲烷实现达标排放，"十三五"时期累计减排 11 亿吨二氧化碳当量以上。

第二章 节能和提高能效

2011 年 3 月发布的《中华人民共和国国民经济和社会发展第十二个五年规划纲要》提出到 2015 年单位国内生产总值能耗比 2010 年下降 16% 的约束性目标。2011 年 8 月，国务院印发了《"十二五"节能减排综合性工作方案》，明确要求严格落实节能减排目标责任，进一步形成以政府为主导、以企业为主体、市场有效驱动、全社会共同参与的节能减排工作格局。2012 年 8 月，国务院印发了《节能减排"十二五"规划》，进一步提出"十二五"期间实现节约能源 6.7 亿吨标准煤，单位工业增加值（规模以上）能耗比 2010 年下降 21% 左右，建筑、交通运输、公共机构等重点领域能耗增幅得到有效控制，主要产品（工作量）单位能耗指标达到先进节能标准的比例大幅提高。通过采取强有力的政策措施，"十二五"期间，中国节能和提高能效进展显著（表 3-1），2015 年单位国内生产总值能耗比 2010 年下降 18.4%，5 年间全社会累计节约和少用能源约 8.7 亿吨标准煤。

表 3-1 2011—2015 年中国单位 GDP 能耗变化和节能量

年份	能源消费总量/万 t 标准煤	单位 GDP 能耗/（t 标准煤/万元）	单位 GDP 能耗下降率/%	年度节能量/万 t 标准煤
2010	360 648	0.87	—	—
2011	387 043	0.86	−2.03	8 008
2012	402 138	0.82	−3.67	15 314
2013	416 913	0.79	−3.79	16 425
2014	425 806	0.75	−4.81	21 520
2015	430 000	0.71	−5.55	25 253

注：1. 年度节能量＝（上年度同期单位产值能耗−本年度单位产值能耗）×本年度国内生产总值（不变价 GDP）。

2. 能源消费总量和单位 GDP 能耗来源于《中国统计年鉴 2016》，其余数据计算得出。

3. GDP 按 2010 年价格计算。

一、强化节能目标责任考核

中国政府建立和完善了中国特色的节能目标责任制和节能考核评价制度。2011 年《"十二五"节能减排综合性工作方案》将单位国内生产总值能耗下降的节能目标分解落实到了各省（区、市），明确提出要合理分解节能降耗指标，健全单位 GDP 能耗统计、监测和考核体系，加强节能目标责任评价考核。"十一五"以来，国务院组织开展对省级人民政府节能目标完成情况和节能措施落实情况的评价考核工作，并向社会公布考核结果。

为推动重点用能单位加强节能工作，强化节能管理，2011 年国家发展改革委印发了《关于万家企业节能低碳行动实施方案的通知》，要求各地区按照方案规定的万家企业范围，审核提出本地区纳入万家企业节能低碳行动的企业（单位）名单，根据本地区万家企业节能量目标分解确定每个企业"十二五"节能目标，并在方案中明确提出"十二五"期间万家企业要实现节约能源 2.5 亿吨标准煤。从 2012 年开始，国家发展改革委会同工业和信息化部等对 1.6 万余家年综合能源消费量在 1 万吨标准煤以上的企业以及有关部门指定的年综合能源消费量 5 000 吨标准煤以上的重点用能单位进行重点监控和评价考核，并向社会公布考核结果。截至 2014 年，"万家企业节能低碳行动"已实现累计节能 3.09 亿吨标准煤，提前超额完成万家企业节能目标（表 3-2）。

表 3-2　2012—2014 年中国"万家企业节能低碳行动"节能目标责任考核情况及节能量[①]

年份	参加考核企业数量/家	"超额完成"占比/%	"完成"占比/%	"基本完成"占比/%	"未完成"占比/%	累计节能量/亿 t 标准煤
2012	14 542	25.9	50.4	14.3	9.5	1.70
2013	14 119	28.2	50.4	13.0	8.4	2.49
2014	13 328	31.0	51.1	10.8	7.1	3.09

注：累计节能量=历年年度节能量之和。

① 数据来源：国家发展改革委 2012 年、2013 年、2014 年万家企业节能目标责任考核结果公告。

二、调整优化产业结构

中国政府积极鼓励发展战略性新兴产业和服务业，不断降低高能耗行业在国民经济中的比重。2012 年 7 月，国务院印发了《"十二五"国家战略性新兴产业发展规划》，提出了节能环保、新一代信息技术、生物、高端装备制造、新能源、新材料以及新能源汽车等七大战略性新兴产业的重点发展方向和主要任务。2012 年 12 月，国务院又印发了《服务业发展"十二五"规划》，明确提出加快发展以金融服务业、交通运输业、现代物流业、高技术服务业为主的生产性服务业，大力发展以商贸服务业、文化产业、旅游业、健康服务业为主的生活性服务业。2012 年中国第三产业增加值占国内生产总值的比重首次与第二产业持平，2015 年达到50.5%，较 2010 年提高 6.3 个百分点，首次占据"半壁江山"。

与此同时，中国政府实施淘汰落后产能计划，建立健全落后产能退出机制，不断优化第二产业内部结构。2011 年工业和信息化部下达了"十二五"工业领域重点行业淘汰落后产能目标，明确了 19 个重点行业淘汰落后产能目标任务，同时发布了配套的《淘汰落后产能工作考核实施方案》。2013 年国务院印发了《关于化解产能严重过剩矛盾的指导意见》，明确把化解产能严重过剩矛盾作为产业结构调整的重点，着力发挥市场机制作用，完善配套政策，"消化一批、转移一批、整合一批、淘汰一批"过剩产能。截至 2014 年年底，19 个行业均提前一年且超额完成淘汰落后产能目标任务（表 3-3）。

表 3-3   2011—2014 年中国淘汰落后产能工作完成情况

行业	2011—2015 年目标任务量	2011 年完成量	2012 年完成量	2013 年完成量	2014 年完成量	2011—2014 年累计完成量
炼铁/万 t	4 800	3 192	1 078	618	2 823	7 711
炼钢/万 t	4 800	2 846	937	884	3 113	7 780
焦炭/万 t	4 200	2 006	2 493	2 400	1 853	8 752
电石/万 t	380	152	132	118	194	596
铁合金/万 t	740	213	326	210	262	1 011
电解铝/万 t	90	64	27	27	51	169
铜冶炼/万 t	80	42	76	86	76	280
铅冶炼/万 t	130	66	134	96	36	332
锌冶炼/万 t	65	34	33	19	—	86
水泥/万 t	37 000	15 497	25 829	10 578	8 773	60 677

行业	2011—2015 年目标任务量	2011 年完成量	2012 年完成量	2013 年完成量	2014 年完成量	2011—2014 年累计完成量
平板玻璃/万重量箱	9 000	3 041	5 856	2 800	3 760	15 457
造纸/万 t	1 500	831	1 057	831	547	3 266
酒精/万 t	100	49	73	34	—	156
味精/万 t	18	8	14	29	—	51
柠檬酸/万 t	5	4	7	7	—	18
制革/万标张	1 100	488	1 185	916	622	3 211
印染/亿 m	55.8	19	33	32	21	105
化纤/万 t	59	37	26	55	11	129
铅蓄电池/万 kVA	746	—	2 971	2 840	3 020	8 831
电力/万 kW	—	784	551	544	486	2 365
煤炭/万 t	—	4 870	4 355	14 578	23 528	47 331

数据来源：工业和信息化部《关于下达"十二五"期间工业领域重点行业淘汰落后产能目标任务的通知》及工业和信息化部 2011 年、2012 年、2013 年、2014 年淘汰落后产能目标任务完成情况公告。

三、实施节能重点工程

《"十二五"节能减排综合性工作方案》明确提出实施以节能改造工程、节能技术产业化示范工程、节能产品惠民工程、合同能源管理推广工程和节能能力建设工程为主的节能重点工程，到 2015 年，力争实现工业锅炉、窑炉平均运行效率比 2010 年分别提高 5 个百分点和 2 个百分点，电机系统运行效率提高 2～3 个百分点，新增余热余压发电能力 2 000 万千瓦，高效节能产品市场份额大幅提高，"十二五"时期形成 3 亿吨标准煤的节能能力。2010 年以来，节能重点工程得到有效实施，其中"节能产品惠民工程"推广情况见表 3-4，节能服务产业及合同能源管理发展情况如图 3-2 所示。

表 3-4　2011—2013 年"节能产品惠民工程"推广情况

年份	高效电机/万 kW	高效节能家电/台	节能灯/亿只	节能汽车/万辆	年节能能力/万 t 标准煤
2011	超过 200	超过 1 826 万（仅空调）	1.5	超过 400	—
2012	超过 1 400	超过 9 000 万	1.6	超过 350	超过 1 200
2013	2 500	1.3 亿	—	265	2 000

数据来源：《中国应对气候变化的政策与行动 2012 年度报告》《中国应对气候变化的政策与行动 2013 年度报告》《中国应对气候变化的政策与行动 2014 年度报告》。

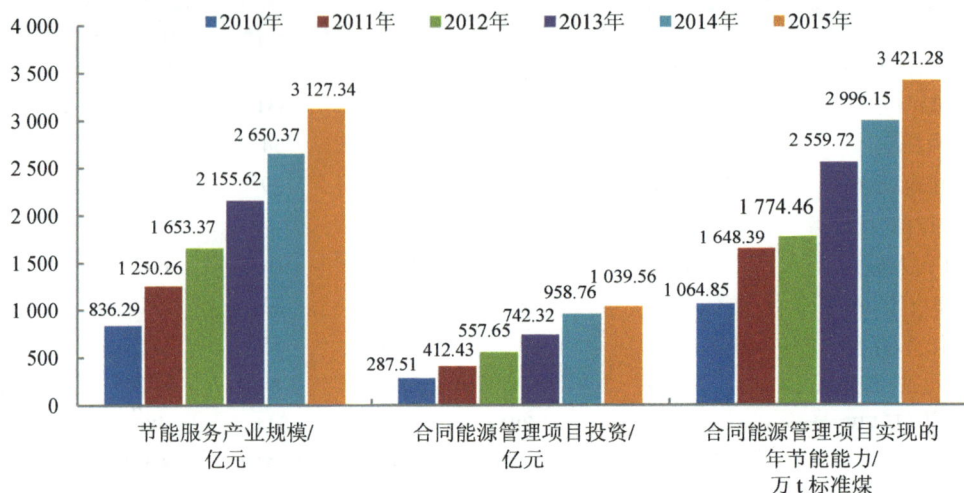

图3-2　2010—2015年中国节能服务产业及合同能源管理发展情况

数据来源：中国节能协会节能服务产业委员会（EMAC）。

实施煤电高效清洁发展。2012年，国家发展改革委、国家能源局、财政部联合印发了《关于开展燃煤电厂综合升级改造工作的通知》，在煤电行业推进实施综合升级改造。2014年，国家发展改革委、国家能源局、环境保护部联合印发了《煤电节能减排升级与改造行动计划（2014—2020年）》，煤电行业全面加快实施节能改造容量和超低排放改造。2011—2015年，累计实施煤电节能改造容量约4亿千瓦，淘汰落后火电机组容量超过2 800万千瓦。2015年，中国6 000千瓦以上煤电机组平均供电煤耗约315克标准煤/千瓦时，5年累计降低18克标准煤/千瓦时[①]，年节约标准煤7 000万吨以上。

专栏3-1　"十二五"节能重点工程

（一）节能改造工程

实施锅炉窑炉改造、电机系统节能、能量系统优化、余热余压利用、节约替代石油、绿色照明等节能改造工程，预期在2011—2015年分别形成7 500万吨标准煤、800亿千瓦时、4 600万吨标准煤、5 700万吨标准煤、1 120万吨标准煤和2 100万吨标准煤的节能能力[②]。

（二）节能技术产业化示范工程

推广低品位余能利用、稀土永磁电机、太阳能光伏发电、零排放和产业链接等一批重大、关键节能技术，并针对节能效果好、应用前景广阔的关键产品或核心部件组织规模化生产，推进产业化应用。根据规划目标，在"十二五"期间产业化推广30项以上重大节能技术，并形成1 500万吨标准煤以上的节能能力。

（三）节能产品惠民工程

民用领域重点推广高效照明产品、节能家用电器、节能与新能源汽车等，商用领域重点推广单元式空调器等，工业领域重点推广高效电动机等。中国已形成数十万种型号的节能产品惠民工程推广体系。

[①] 数据来源：中国电力企业联合会发布的《2016年度全国电力供需形势分析预测报告》。

[②] 数据来源：《节能减排"十二五"规划》。

（四）合同能源管理推广工程

贯彻落实国务院办公厅印发的《关于加快推行合同能源管理促进节能服务产业发展意见的通知》，引导节能服务公司加强技术研发、服务创新、人才培养和品牌建设，提高融资能力，不断探索和完善商业模式。5 年来，中国节能服务产业规模从 2010 年的 835.29 亿元增长为 2015 年的 3 127.34 亿元，合同能源管理项目投资金额从 287.51 亿元增长为 1 039.56 亿元，项目节能能力相应地由 1 064.85 万吨标准煤增长为 3 421.28 万吨标准煤[①]。

（五）节能能力建设工程

推进节能监测平台建设，建立能源消耗数据库和数据交换系统，强化数据收集、数据分类汇总、预测预警和信息交流能力。开展重点用能单位能源消耗在线监测体系建设试点和城市能源计量示范建设。推进节能监管机构标准化和执法能力建设，中国节能监察机构在编人数大约 1.6 万人，省、市、县三级节能监察体系基本建立[②]。

四、完善节能经济激励政策

（一）价格政策

为遏制高耗能产业盲目发展、促进产业结构调整和技术升级，2013 年 12 月，国家发展改革委会同工业和信息化部联合印发《关于电解铝企业用电实行阶梯电价政策的通知》，电解铝企业铝液电解交流电耗不高于每吨 13 700 千瓦时用电不加价；高于每吨 13 700 千瓦时但不高于 13 800 千瓦时用电，每千瓦时加价 0.02 元；高于每吨 13 800 千瓦时加价 0.08 元。为引导居民节约用电、合理用电，2011 年国家发展改革委印发了《关于居民生活用电试行阶梯电价的指导意见的通知》，将城乡居民每月用电量按照满足基本用电需求、正常合理用电需求和较高生活质量用电需求划分为三档，电价实现分档递增，其中第一档电量原则上按照覆盖本区域内 80%居民用户的月均用电量确定，二档、三档提价标准分别为每千瓦时不低于 0.05 元和每千瓦时 0.3 元左右。2014 年 3 月，国家发展改革委印发了《关于建立健全居民生活用气阶梯价格制度的指导意见》，提出到 2015 年年底所有已通气城市均应建立起居民生活用气阶梯价格制度，按照满足不同用气需求，将居民用气量分为三档，其中第一档用气量按覆盖区域内 80%居民家庭用户的月均用气量确定，二档、三档气价分别为第一档气价的 1.2 倍和 1.5 倍。2014 年 5 月，国家发展改革委、工业和信息化部、国家质量监督检验检疫总局联合印

---

① 数据来源：中国节能协会节能服务产业委员会（EMAC）。
② 数据来源：《中国应对气候变化的政策与行动 2014 年度报告》。

发了《关于运用价格手段促进水泥行业产业结构调整有关事项的通知》，对淘汰类水泥企业每千瓦加价 0.4 元。

（二）税收与信贷政策

2011 年 10 月，财政部、国家税务总局修订通过了《中华人民共和国资源税暂行条例实施细则》。2014 年 10 月，财政部、国家税务总局联合印发了《关于调整原油、天然气资源税有关政策的通知》和《关于实施煤炭资源税改革的通知》，自 2014 年 12 月 1 日起将原油、天然气矿产资源补偿费费率降为零，相应地将油气资源税税率由 5%提高到 6%；在全国范围实施煤炭资源税从价计征改革，煤炭资源税税率幅度定为 2%～10%，并全面清理相关收费基金。中国政府鼓励各类金融机构加大对节能降耗项目的信贷支持力度，创新信贷管理模式。2012 年 2 月，中国银行业监督管理委员会印发《绿色信贷指引的通知》，并于 2013 年制定了《绿色信贷统计制度》，明确了 12 类节能环保项目和服务的绿色信贷统计范畴。截至 2015 年年底，银行业金融机构绿色信贷余额 8.08 万亿元，其中 21 家主要银行业金融机构绿色信贷余额达 7.01 万亿元，占各项贷款余额的 9.68%，所支持项目可节能 2.21 亿吨标准煤[①]。

五、完善节能标准标识

2012 年 6 月，国家发展改革委、国家标准化管理委员会启动实施"百项能效标准推进工程"，进一步提高中国终端用能产品的能效市场准入门槛和高耗能行业的能耗准入门槛，充分发挥节能标准的引领作用。2015 年国务院办公厅印发了《关于加强节能标准化工作的意见》，明确提出要加强重点领域节能标准修订工作、严格执行强制性节能标准、推动实施推荐性节能标准。"十二五"期间，共批准发布 221 项节能国家标准，覆盖工业、能源、建筑、交通、公共机构等重点领域的节能标准体系。国家发展改革委、国家质量监督检验检疫总局、国家认证认可监督管理委员会共同建立并实施了能效标识制度。截至 2015 年，中国能效标识制度已覆盖 12 批 33 类终端用能产品，备案企业 1 万多家，备案产品型号 93 万多个。据调查分析，98.1%的城镇消费者对能效标识有了一定认知，能效标识制度实施 10 年来累计节电超

---

① 数据来源：《2015 年度中国银行业社会责任报告》。

过 4 419 亿千瓦时[①]。

六、推广节能技术和产品

为加快节能技术进步和推广，引导用能单位采用先进适用的节能新技术、新装备、新工艺，国家发展改革委从 2008 年开始每年发布《国家重点节能技术推广目录》。为统筹协调节能技术与低碳技术的有效推广，2014 年 1 月国家发展改革委印发了《节能低碳技术推广管理暂行办法》的通知，并陆续颁布了《国家重点节能低碳技术推广目录（2014 年本，节能部分）》和《国家重点节能低碳技术推广目录（2015 年本，节能部分）》，其中《国家重点节能低碳技术推广目录（2015 年本，节能部分）》涉及煤炭、电力、钢铁、有色、石油石化、化工、建材、机械、轻工、纺织、建筑、交通、通信 13 个行业，共 266 项重点节能技术。自 2009 年开始，工业和信息化部陆续评选发布了 6 批《节能机电设备（产品）推荐目录》、4 批《"能效之星"产品目录》和 1 批《通信行业节能技术指导目录》。为拉动节能产品消费，"十二五"时期加大了高效节能产品推广力度，采取财政补贴方式，重点推广民用领域高效照明、节能家用电器、节能与新能源汽车等产品，商用领域单元式空调器等产品，工业领域高效电动机等产品，共发布了 6 批高效电机推广目录和 8 批节能汽车推广目录。

七、强化建筑节能

《节能减排"十二五"规划》明确提出到 2015 年累计完成北方采暖地区既有居住建筑供热计量和节能改造 4 亿米^2 以上，夏热冬冷地区既有居住建筑节能改造 5 000 万米^2，公共建筑节能改造 6 000 万米^2。2012 年住房和城乡建设部印发了《"十二五"建筑节能专项规划》，提出了政策法规、体制机制、规划设计、标准规范、科技推广、建设运营和产业支撑等政策举措。2012 年 4 月，住房和城乡建设部会同财政部联合印发了《关于推进夏热冬冷地区既有居住建筑节能改造的实施意见》。2014 年国家机关事务管理局、国家质量监督检验检疫总局印发了《关于切实加强公共机构能源资源计量工作有关事项的通知》。

---

① 数据来源：国家发展改革委公告"能效标识制度实施十周年研讨会在京召开"。

通过加强监督管理，全国城镇新建建筑执行节能强制性标准比例持续提高，目前执行比例基本达到 100%。截至 2015 年，全国城镇累计建成节能建筑面积超过 120 亿米^2，节能建筑占城镇民用建筑面积比例超过 40%，共形成每年节约超过 1 亿吨标准煤的节能能力；全国累计完成北方采暖地区既有居住建筑供热计量及节能改造 11.8 亿米^2，超额完成国务院确定的改造任务；"十二五"期间夏热冬冷地区既有居住建筑节能完成改造面积 7 090 万米^2。截至 2015 年年底，全国共有 3 979 个项目获得了绿色建筑评价标识，建筑面积超过 4.5 亿米^2。绿色建筑强制推广工作不断推进，北京、天津、上海、重庆、江苏、浙江、山东、深圳等地开始在城镇新建建筑中全面执行绿色建筑标准，累计推广绿色建筑面积超过 10 亿米^2。不断扩大超低能耗建筑试点示范规模，截至 2015 年年底，全国在严寒、寒冷、夏热冬冷、夏热冬暖 4 个气候区 12 个省级行政区共有 60 余个被动式超低能耗绿色建筑试点项目。截至 2015 年，共有 97 个城市、198 个县、6 个区、16 个镇被确定为可再生能源建筑应用示范市（县、区、镇），全国城镇太阳能光热应用面积近 30 亿米^2，浅层地能应用面积近 5 亿米^2。

2011 年国家机关事务管理局印发了《公共机构节能"十二五"规划》，提出到 2015 年公共机构人均能耗下降 15%、单位建筑面积能耗下降 12% 的量化目标，建立起比较完善的组织管理、政策法规、计量监测考核、技术支撑、宣传培训和市场化服务体系的管理目标。"十二五"期间，国家机关事务管理局会同发展改革委、财政部等部门印发了《关于推进公共机构节约能源资源促进生态文明建设的实施意见》《公共机构能源审计管理暂行办法》。组织创建了国家级节约型公共机构示范单位 2 050 家。全国公共机构人均能耗、单位建筑面积能耗分别下降了 17.14%、13.88%，顺利完成了规划目标。

八、推动交通运输节能

2011 年交通运输部印发了《交通运输"十二五"发展规划》，提出到 2015 年营运车辆单位运输周转量的能耗与 2005 年相比下降 10%、营运船舶单位运输周转量的能耗下降 15%、"十二五"时期民航运输吨公里的能耗下降 3% 以上的目标。2011 年起交通运输部先后印发了《"十二五"控制温室气体排放工作方案的通知》《工业领域应对气候变化行动方案（2012—2020 年）》，颁布了《加快推进绿色循环低碳交通运输发展指导意见》《建设低碳交通运输体系指导意见》《关于交通运输行业贯彻落实〈2014—2015 年节能减排低碳发展行动方案〉的实施意见》等政策文件，提出加强绿色基础设施建设、推广应用绿色交通运输装备、加快构建绿色交通运输组织体系、推进交通运输信息化智能化建设、深入开展试点示范和专项行动等措施。"十二五"规划设定的能耗强度降低目标顺利完成，与 2005 年相比，2015 年营运车辆和营运船舶单位运输周转量能耗分别下降 15.9% 和 20%。中国铁路运输能源消费变化情况如图 3-3 所示。

图 3-3　2010—2015 年中国铁路运输能源消费变化情况

数据来源：《2010 年铁路统计公报》《2011 年铁路统计公报》《2012 年铁路统计公报》《2013 年铁路统计公报》《2014 年铁路统计公报》《2015 年铁路统计公报》。

第三章   优化能源结构

通过严格控制煤炭消费总量、加快发展天然气等清洁能源、推动非化石能源发展等措施，中国煤炭占能源消费总量比重从 2005 年的 72.4%下降至 2015 年的 64.0%，降幅达到 8.4 个百分点；天然气占能源消费总量比重从 2005 年的 2.4%上升至 2015 年的 5.9%，增幅达到 3.5 个百分点；非化石能源占能源消费总量比重从 2005 年的 7.4%上升至 2015 年的 12.0%（图 3-4），增幅达到 4.6 个百分点；中国目前的低碳能源（包括非化石能源和天然气）消费占比已经达到17.9%。

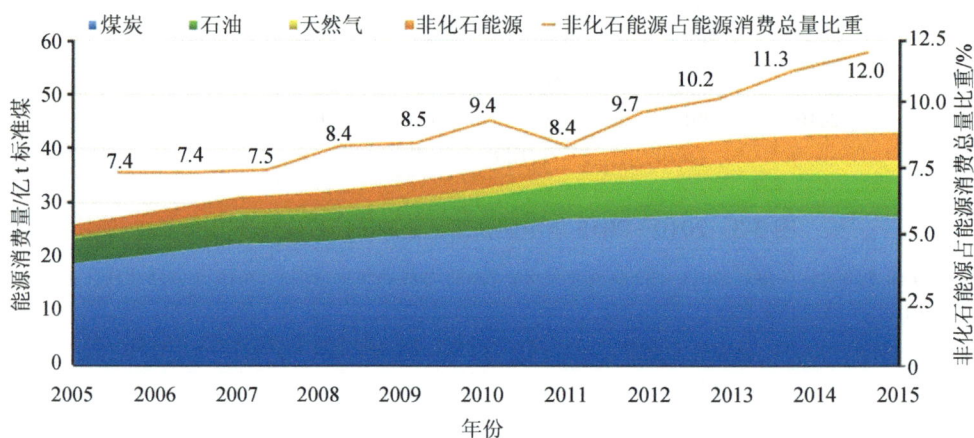

图 3-4   中国能源消费结构

一、严格控制煤炭消费总量

2014 年国务院印发了《能源发展战略行动计划（2014—2020 年）》，明确提出 2020 年中国能源发展目标，实施煤炭消费减量替代，降低煤炭消费比重，京津冀鲁地区、长三角地区和珠三角地区等要削减区域煤炭消费总量。为贯彻落实《大气污染防治行动计划》，2013 年环境保护部、国家发展改革委等有关部门联合印发了《京津冀及周边地区落实大气污染防治行动计划实施细则》，明确提出到 2017 年年底，北京市、天津市、河北省和山东省压减煤炭消费总量 8 300 万吨，四省（直辖市）分别削减 1 300 万吨、1 000 万吨、4 000 万吨和 2 000 万吨。2014 年 12 月，国家发展改革委会同工业和信息化部、财政部、环境保护部、国家统计局、国家能源局等有关部门印发了《重点地区煤炭消费减量替代管理暂行办法》，对北京市、天津市、河北省、山东省、上海市、江苏省、浙江省和广东省的珠三角地区提出煤炭消费减量替代工作目标及方案。2015 年国家发展改革委、环境保护部、国家能源局印发了《加强大气污染治理重点城市煤炭消费总量控制工作方案》，提出空气质量相对较差前 10 位城市煤炭消费总量较上一年度实现负增长的目标。2014 年国家发展改革委、国家能源局及环境保护部联合印发了《能源行业加强大气污染防治工作方案》，提出逐步降低煤炭消费比重，制定国家煤炭消费总量中长期控制目标。

2015 年中国煤炭消费量为 27.5 亿吨标准煤，已经呈现增长放缓甚至下降的趋势，煤炭占能源消费总量的比重相比 2010 年下降了 5.2 个百分点，火电产量 2014 年、2015 年连续两年出现负增长。中国目前已有超过 20 个省（区、市）以及 30 多个城市制定了不同形式的煤炭消费总量控制目标。

二、加快发展天然气等清洁能源

2012 年国家发展改革委印发了《天然气发展“十二五”规划》，提出了 2015 年国产天然气供应能力达到 1 760 亿米³ 左右、进口天然气量达到约 935 亿米³ 的目标，并相应提出了常规天然气、煤制天然气、煤层气、页岩气、用气普及率、基础设施能力建设等相关目标。2014 年国家发展改革委、国家能源局和环境保护部联合印发了《能源行业加强大气污染防治工作方案》，提出天然气（不包含煤制气）消费比重在 2015 年和 2017 年分别达到 7% 和 9% 以上。2014 年国家发展改革委印发了《关于建立保障天然气稳定供应长效机制的若干意见》，提出保障天然气长期稳定供应的任务及措施。国家发展改革委会同有关部门发布了《关于发展天然气分布式能源的指导意见》及《天然气分布式能源示范项目实施细则》，进一步推动天然气分布式能源发展，出台财政补贴、发电上网、电价补贴等政策。2014 年国家能源局发布了《关于规范煤制油、煤制天然气产业科学有序发展的通知》，规范煤制油、煤制气项目，提出了能源转化效率、能耗、水耗、二氧化碳排放和污染物排放等准入值。2012 年财政部、国家能源局联合发布了《关于出台页岩气开发利用补贴政策的通知》，安排专项财政资金支持页岩气开发，2012 年国家发展改革委会同财政部等组织制定了《页岩气发展规划（2011—2015 年）》。2011 年国家发展改革委、国家能源局组织制定了《煤层气（煤矿瓦斯）开发利用"十二五"规划》，提出了实施煤矿瓦斯治理和利用总体方案，引导和鼓励煤矿瓦斯利用和地面煤层气开发。

2015 年，中国天然气产量 1 346 亿米^3，天然气进口量 639 亿米^3，天然气消费量 1 931 亿米^3，天然气占能源消费总量的比重从 2010 年的 4.0%提升至 5.9%，保持了持续增长的势头。截至 2015 年，国内已建成天然气管道 6.4 万千米，初步形成全国性的输气管网框架。

三、推动非化石能源发展

国家发展改革委、国家能源局、住房和城乡建设部、财政部等先后发布了《可再生能源发展"十二五"规划》《太阳能发电发展"十二五"规划》《生物质能发展"十二五"规划》《可再生能源发展专项资金管理暂行办法》《可再生能源电价附加补助资金管理暂行办法》《关于进一步推进可再生能源建筑应用的通知》等几十项政策文件，明确了发展目标、规划布局和建设重点，制定和完善了可再生能源优先上电网、全额收购、价格优惠及社会分摊的政策，建立可再生能源发展专项资金，支持资源评价与调查、技术研发、试点示范工程建设和农村可再生能源开发利用。2015 年国家发展改革委印发了《关于降低燃煤发电上网电价和一般工商业用电价格的通知》，决定对除居民生活和农业生产以外其他用电征收的可再生能源电价附加征收标准，提高到 1.9 分/千瓦时，比之前实施的标准增加了 0.4 分/千瓦时。

2015 年，中国非化石能源发电装机容量比 2010 年增加了 26 539 万千瓦，在全国总发电装机容量中占比提高了 7.3 个百分点，非化石能源发电量比 2010 年增加了 7 255.0 亿千瓦时，在全国总发电量中占比提高了 7.4 个百分点，见表 3-5。中国是世界利用新能源和可再生能源第一大国，中国可再生能源装机容量占全球总量的 25%，新增装机容量占全球增量的 42%。2014 年中国可再生能源电价附加收入决算数为 491.38 亿元，其中用于光伏发电、风力发电、生物质发电的补助分别为 52 亿元、275 亿元和 74 亿元。

各减缓行动及效果汇总见表 3-6。

表 3-5 非化石能源发电装机容量和发电量

项目	单位	2005 年	2010 年	2014 年	2015 年
一、发电装机容量					
水电（含抽蓄）	万 kW	11 739.0	21 606.0	30 486.0	31 954.0
风力发电（并网）	万 kW	127.0	3 131.0	9 657.0	13 075.0
太阳能发电（并网）	万 kW	7.0	86.0	2 486.0	4 218.0
生物质能发电（并网）	万 kW	200.0	550.0	981.0	1 030.0
地热海洋能发电	万 kW	2.5	2.8	3.0	3.0
可再生能源（合计）	万 kW	12 075.5	25 375.8	43 613.0	50 280.0
核电	万 kW	685.0	1 082.0	2 008.0	2 717.0
非化石能源（合计）	万 kW	12 760.5	26 457.8	45 621.0	52 997.0
二、发电量					
水电（含抽蓄）	亿 kW·h	3 964.0	6 867.0	10 601.0	11 127.0
风力发电（并网）	亿 kW·h	16.0	490.0	1 598.0	1 856.0
太阳能发电（并网）	亿 kW·h	0.0	5.0	235.0	395.0
生物质能发电（并网）	亿 kW·h	52.0	248.0	461.0	520.0
地热海洋能发电	亿 kW·h	1.0	1.5	1.5	1.5
可再生能源（合计）	亿 kW·h	4 033.0	7 611.5	12 896.5	13 899.5
核电	亿 kW·h	531.0	747.0	1 332.0	1 714.0
非化石能源（合计）	亿 kW·h	4 564.0	8 358.5	14 228.5	15 613.5
三、非化石能源占比					
全国总发电装机容量	万 kW	51 718.0	96 641.0	137 018.0	152 527.0
全国总发电量	亿 kW·h	24 975.0	42 278.0	56 801.0	57 399.0
非化石能源发电装机占比	%	24.7	27.4	33.2	34.7
非化石能源发电量占比	%	18.3	19.8	25.0	27.2

数据来源：《中国统计年鉴 2016》和国家能源局。

表 3-6　减缓行动及效果汇总

序号	行动名称	行动目标或主要内容	覆盖部门/温室气体	时间尺度	行动性质（强制，自愿，政府，市场）	监管部门	状态（计划/执行中/已完成）	进展信息	方法学[1]和假设	预估减排效果[2]	获得支持
1	中国全社会减缓行动	2020年单位国内生产总值CO₂排放比2005年下降40%～45%	全社会能源活动/CO₂	2006—2020年	强制，政府	国家发展改革委	执行中	2015年单位国内生产总值CO₂排放比2005年下降了38.6%	碳排放强度下降率＝(1－目标年碳强度/基年碳强度)×100%	—	—
节能与提高能效											
2	中国全社会节能行动	2015年单位国内生产总值能耗比2010年下降16%	全社会/CO₂等	2011—2015年	强制，政府	国家发展改革委及其他相关部门	已完成	2015年单位GDP能耗比2010年下降了18.4%，5年累计节能约8.7亿t标准煤	碳排放量=节能量×能源消费综合排放因子	5年累计减排约19亿tCO₂左右	—
3	万家企业节能低碳行动	2011—2015年累计节能2.5亿t标准煤	工业等/CO₂等	2011—2015年	强制，政府	国家发改委、工业和信息化部等	已完成	2011—2014年行动实现累计节能约3.09亿t标准煤	碳排放量=节能量×能源消费综合排放因子	4年累计减排约6.8亿tCO₂	—
4	锅炉窑炉改造工程	2015年工业锅炉、窑炉平均运行效率分别比2010年提高5个百分点和2个百分点	工业/CO₂等	2005—2015年	政府	国家发展改革委及其他相关部门	已完成	估算2011—2015年实现累计节能7500万t标准煤左右	碳排放量=节能量×能源消费综合排放因子	估算2011—2015年实现累计减排1.6亿tCO₂	—
5	电机系统节能工程	2015年电机系统运行效率比2010年提高2～3个百分点	工业/CO₂等	2005—2015年	政府	国家发展改革委及其他相关部门	已完成	估算2011—2015年实现累计节电约800亿kW·h	碳排放量=节电量×电力排放因子	估算2011—2015年实现减排0.5亿tCO₂	—

序号	行动名称	行动目标或主要内容	覆盖部门/温室气体	时间尺度	行动性质（强制、自愿，政府，市场）	监管部门	状态（计划执行中/已完成）	进展信息	方法学[1]和假设[2]	预估减排效果[2]	获得支持
6	能源系统优化工程	加强电力、钢铁、有色金属、合成氨、炼油、乙烯等行业企业能量梯级利用和能源系统整体优化改造	工业/CO_2等	2005—2015年	政府	国家发展改革委及其他相关部门	执行中	估算2011—2015年实现累计节能约4 600万t标准煤	碳排放量=节能量×能源消费综合排放因子	估算2011—2015年实现累计减排约1亿t CO_2	—
7	余热余压利用工程	到2015年新增余热余压发电能力2 000万kW	工业/CO_2等	2005—2015年	政府	国家发展改革委及其他相关部门	已完成	估算2011—2015年实现累计节能约5 700万t标准煤	碳排放量=节能量×能源消费综合排放因子	估算2011—2015年实现累计减排1.3亿t CO_2	—
8	节约和替代石油工程	2011—2015年节约和替代石油800万t	工业、交通运输业/CO_2等	2005—2015年	政府	国家发展改革委及其他相关部门	已完成	估算2011—2015年实现累计节能约1 120万t标准煤	碳排放量=节能量×石油消费排放因子	估算2011—2015年实现累计减排约0.2亿t CO_2	—
9	绿色照明工程	分阶段淘汰普通照明用白炽灯等低效照明产品，推广节能灯具	服务业等/CO_2等	20世纪90年代至今	政府	国家发展改革委及其他相关部门	执行中	估算2011—2015年实现累计节能约2 100万t标准煤	碳排放量=节能量×能源消费综合排放因子	估算2011—2015年实现累计减排约0.5亿t CO_2	—
10	节能技术产业化示范工程	产业化推广30项以上重大节能技术	工业、交通运输业等/CO_2等	2011年至今	政府	国家发展改革委及其他相关部门	执行中	估算2011—2015年实现累计节能约1 500万t标准煤	碳排放量=节能量×能源消费综合排放因子	估算2011—2015年实现累计减排约0.3亿t CO_2	—

序号	行动名称	行动目标或主要内容	覆盖部门/覆盖温室气体	时间尺度	行动性质（强制、自愿、政府、市场）	监管部门	状态（计划/执行中/已完成）	进展信息	方法学[1]和假设	预估减排效果[2]	获得支持
11	节能产品惠民工程	对高效照明产品、高效节能空调、平板电视、电脑，以及电机、风机、水泵、汽车等产品实施补贴推广	工业、交通等/CO₂等	2007年至今	政府	国家发展改革委及其他相关部门	执行中	到2013年，已经形成家电、汽车、工业产品3大类15个品种、数十万种型号的"节能产品惠民工程"推广体系。2013年实现年节能约2 000万t标准煤	碳排放量=节能量×能源消费综合排放因子	2013年实现年减排0.4亿t CO₂	—
12	合同能源管理推广工程	推行合同能源管理、发展节能服务产业	节能服务业/CO₂等	2010年至今	政府	国家发展改革委及其他相关部门	执行中	2015年合同能源管理项目投资达1 039.56亿元，可实现节能3 421万t标准煤	碳排放量=节能量×能源消费综合排放因子	2015年实现年减排0.7亿t CO₂	—
13	能效标识制度	对终端用能产品、生产企业和检测机构实施能效标识	全社会/CO₂等	2005年至今	政府	国家发展改革委及其他相关部门	执行中	2005—2015年累计节电4 419亿kW·h	碳排放量=节电量×电力排放因子	2005—2015年累计减排2.9亿t CO₂	—
14	工业部门节能行动	到2015年，单位工业增加值（规模以上）能耗比2010年下降21%左右	工业/CO₂等	2011—2015年	政府	国家发展改革委、工业和信息化部及其他相关部门	已完成	2014年单位工业增加值（规模以上）能耗比2010年累计下降约21%，2011—2014年累计节能约5.8亿t标准煤	碳排放量=节能量×能源消费综合排放因子	2011—2014年累计减排12.7亿t CO₂	—
15	建筑用能节能行动	2011—2015年建筑节能形成1.16亿t标准煤节能能力	建筑物/CO₂等	2011—2015年	政府	国家发展改革委、住房和城乡建设部及其他相关部门	已完成	预计2011—2015年实现节能约1.16亿t标准煤	碳排放量=节能量×能源消费综合排放因子	估算2011—2015年累计减排2.5亿t CO₂	—

优化能源结构

序号	行动名称	行动目标或主要内容	覆盖部门/温室气体	时间尺度	行动性质（强制，自愿，政府，市场）	监管部门	状态（计划中/执行中/已完成）	进展信息	方法学[1]和假设	预估减排效果[2]	获得支持
16	发展非化石能源	到2020年和2030年，非化石能源占能源消费总量比重分别达到15%和20%左右	能源工业/CO_2等	2005—2030年	强制，政府	国家能源局、国家发展改革委及其他相关部门	执行中	2015年非化石能源占能源消费总量比重12%，比2005年提高4.6个百分点	减排量=Σ（当年非化石能源消费量=当年能源消费总量×2005年非化石能源消费占比）×2005年能源消费综合排放因子	2006—2015年累计完成减排17.5亿t CO_2	中丹项目支持成立国家可再生能源中心（CNREC）
17	发展天然气	到2020年，天然气占能源消费总量比重达到10%以上	能源工业/CO_2等	2005—2020年	政府	国家能源局、国家发展改革委及其他相关部门	执行中	2015年天然气占能源消费总量比重5.9%，比2005年提高3.5个百分点	减排量=Σ（当年天然气消费量=当年能源消费总量×天然气占比）（2005年能源消费综合排放因子－天然气排放因子）	2006—2015年已累计完成减排5.2亿t CO_2	—
18	发展水电	到2020年，力争常规水电装机达到3.5亿kW左右	能源工业/CO_2等	2005—2020年	强制，政府	国家能源局、国家发展改革委及其他相关部门	执行中	2015年水电占总发电量比重19.4%，比2005年提高了3.5个百分点。2015年水电装机容量3.2亿kW，水电发电量1.11万亿kW·h	减排量=Σ（当年水电量=当年发电发电量×2005年水电电占比）×2005年电力排放因子	2006—2015年已累计完成减排3.9亿t CO_2	中丹项目支持成立国家可再生能源中心（CNREC）

序号	行动名称	行动目标或主要内容	覆盖部门/温室气体	时间尺度	行动性质（强制，自愿，政府，市场）	监管部门	状态（计划/执行中/已完成）	进展信息	方法学[1]和假设	预估减排效果[2]	获得支持
19	发展风电	到2020年，风电装机达到2亿kW，风电与煤电上网电价相当	能源、工业/CO_2等	2005—2020年	强制，政府	国家能源局、国家发展改革委及其他相关部门	执行中	2015年风电占总发电量比重3.2%，比2005年提高了3.2个百分点。2015年并网风电装机容量13 075万kW，并网风电发电量1 856亿kW·h	减排量=Σ（当年风电发电量—当年发电总量×2005年风电占比）×2005年电力排放因子	2006—2015年已累计完成减排5.4亿tCO_2	中丹项目支持成立国家可再生能源中心（CNREC）
20	发展太阳能发电	2020年，光伏装机达到1亿kW左右，光伏发电与电网销售电价相当	能源、工业/CO_2等	2005—2020年	强制，政府	国家能源局、国家发展改革委及其他相关部门	执行中	2015年太阳能发电占总发电量比重0.7%，比2005年提高了0.7个百分点。2015年并网太阳能发电装机容量4 218万kW，并网太阳能发电量395亿kW·h	减排量=Σ（当年太阳能发电量—当年发电总量×2005年太阳能发电占比）×2005年电力排放因子	2006—2015年已累计完成减排0.6亿tCO_2	中丹项目支持成立国家可再生能源中心（CNREC）

注：1. 煤炭、石油、天然气和能源消费综合排放因子根据《中华人民共和国第二次国家信息通报》温室气体清单数据计算得到，电力排放因子采用电网平均排放因子。
2. "减排量"相互有叠加，不能累加。

第四章　控制非能源活动温室气体排放

"十二五"以来，中国强化了对工业生产过程、农业活动、废弃物处理等领域的温室气体排放控制，积极开展了非二氧化碳类温室气体等相关专题研究，推动应对气候变化与大气污染治理协同控制。

一、控制工业生产过程温室气体排放

2015 年国家发展改革委会同外交部、财政部、环境保护部等有关部门，积极组织开展控制氢氟碳化物的重点行动，下发了《关于组织开展氢氟碳化物处置相关工作的通知》，分两批下达了氢氟碳化物削减重大示范项目中央预算内投资计划，组织已投产运行且未获得 CDM 项目支持的 HCFC-22 生产装置实施 HFC-23 销毁工作。2015 年环境保护部出台了《关于严格控制新建、改建、扩建含氢氯氟烃生产项目的补充通知》，要求新建的 HCFC-22 生产设施需同时配套建设并投产运行副产品 HFC-23 的无害化处理设施，对副产的 HFC-23 全部进行无害化处置，禁止向大气直接排放。工业和信息化部组织有关行业协会与企业应用电石渣替代石灰石生产水泥熟料等原料替代技术、高炉渣和粉煤灰等作为添加混合材料生产水泥等工艺过程，采用二级处理法和三级处理法处理硝酸生产过程中的氧化亚氮排放、催化分解和热氧化分解处理己二酸生产过程中的氧化亚氮排放等。

二、控制农业活动温室气体排放

2012 年农业部启动实施了"百县千乡万村" 整建制推进测土配方施肥行动，开展农企合作推广配方肥试点，中央财政安排补贴资金支持开展测土配方施肥。中央财政安排专项资金及保护性耕作工程投资推广保护性耕作技术，推广以秸秆覆盖、免耕等为主要内容的保护性耕作，发展秸秆养畜、过腹还田，增加土壤有机碳含量。"十二五"期间，农业部、财政部继续实施了土壤有机质提升补贴项目，推广秸秆还田、绿肥种植、增施有机肥等技术措施。中央投入资金实施生猪、奶牛标准化规模养殖场（小区）建设项目，重点支持规模养殖场对畜禽圈舍进行标准化改造，建设贮粪池、排粪污管网等粪污处理配套设施。

三、控制废弃物处理温室气体排放

中国政府高度重视发展循环经济，积极推进资源利用减量化、再利用、资源化，从源头和生产过程减少温室气体排放。为切实加大城市生活垃圾处理工作力度，提高城市生活垃圾处理减量化、资源化和无害化水平，改善城市人居环境，2011 年国务院批转了住房和城乡建设部等部门《关于进一步加强城市生活垃圾处理工作意见》的通知。2012 年国务院办公厅印发了《"十二五"全国城镇污水处理及再生利用设施建设规划》《"十二五"全国城镇生活垃圾无害化处理设施建设规划》，积极控制城市污水、垃圾处理过程中的甲烷排放。住房和城乡建设部会同有关部门完善了城市废弃物标准，实施了生活垃圾处理收费制度，推广利用先进的垃圾焚烧技术，制定促进填埋气体回收利用的激励政策。截至 2015 年年底，中国城市污水处理能力达 1.4 亿米^3/日，年处理污水总量达 429 亿米^3，城市污水处理率达 91.9%；中国城市生活垃圾无害化处理设施 890 座，其中卫生填埋场 640 座、垃圾焚烧厂 220 座，城市生活垃圾无害化处理率达 94.1%。

第五章　努力增加碳汇

"十二五"时期，围绕落实《"十二五"控制温室气体排放工作方案》《林业发展"十二五"规划》《林业应对气候变化"十二五"行动要点》确定的目标任务，林业应对气候变化各项工作扎实推进，取得重大进展。5 年来，通过大力造林、科学经营、严格保护，森林资源稳定增长，增汇减排能力稳步提升。

一、加快推进造林绿化

全面实施《全国造林绿化规划纲要（2011—2020 年）》，深入开展全面义务植树，着力推进旱区、京津冀等重点区域造林绿化，加快退耕还林、石漠化综合治理、京津风沙源治理、"三北"及长江流域等重点防护林体系建设、天然林资源保护等林业重点工程。"十二五"期间，全国共完成造林 4.6 亿亩[①]，比"十一五"期间增长 28%，2015 年森林覆盖率提高到 21.63%，森林蓄积量增加到 151.37 亿米^3，全面完成"十二五"规划任务。

（1）天然林资源保护工程。2011 年 2 月，国家林业局会同相关部门联合印发了《关于继续组织实施长江上游、黄河上中游地区和东北内蒙古等重点国有林区天然林资源保护工程的通知》，正式启动"天保工程"二期，预期投入资金 2 440.2 亿元，实现到 2020 年新增森林面积 520 万公顷。该工程 5 年来累计完成造林 249.7 万公顷[②]。

（2）"三北"防护林工程。2012 年 8 月，国家林业局印发《三北防护林体系建设五期工程规划（2011—2020 年）》，规划到 2020 年完成工程造林 1 647.3 万公顷，新增森林面积 988.4 万公顷，森林覆盖率提高 2.27 个百分点。2015 年"三北"防护林体系建设工程完成造林 74.55 万公顷[③]。

（3）"长、珠、海、太、平"防护林工程。2013 年 7 月，国家林业局正式启动实施了"长、

---

① 1 亩≈0.066 7 公顷。
② 数据来源：《2011 年中国国土绿化状况公报》《2012 年中国国土绿化状况公报》《2013 年中国国土绿化状况公报》《2014 年中国国土绿化状况公报》《2015 年中国国土绿化状况公报》。
③ 数据来源：《2015 年中国国土绿化状况公报》。

珠、太、平"三期工程建设（2011—2020 年），并于 2015 年启动沿海防护林体系建设工程三期规划（2016—2025 年）编制工作。5 年来，长江中上游防护林工程、珠江流域防护林体系建设工程、沿海防护林工程、太行山绿化工程分别完成造林 83.8 万公顷、25.3 万公顷、73.2 万公顷、20.9 万公顷[①]。

（4）退耕还林工程。2014 年 8 月，国家发展改革委、国家林业局会同相关部门联合印发了《关于印发新一轮退耕还林还草总体方案的通知》[②]，2015 年中国完成退耕还林 53.3 万公顷，荒山荒地造林 5.5 万公顷[③]。

（5）京津风沙源治理工程。2012 年 5 月，国家林业局会同相关部门联合印发了《京津风沙源治理二期工程规划（2013—2022 年）》，加大力度推进京津风沙源治理工作。5 年来，京津风沙源治理工程累计完成造林 219.1 万公顷[④]。

二、开展森林抚育经营

2011 年国家林业局和各省（区、市）成立森林抚育经营工作领导小组，强化目标管理和绩效考核，合力推进森林经营工作。2012 年国家林业局修订印发了《森林抚育作业设计规定》和《森林抚育检查验收办法》，完成了《森林抚育规程》，进一步强化标准制度建设。2013 年中国政府正式批复 15 个全国森林经营样板基地。2014 年国家林业局发布《中国北方国有林近自然经营方案编制指南》和《南方国有林场工业原料林培育与利用指南》，2015 年国家林业局印发了《全国森林经营人才培训计划（2015—2020 年）》，指导开展国家级、省级、县级森林经营人才培训工作。2015 年国家林业局编制完成了《全国森林经营规划（2016—2050 年）》。5 年间，中国累计完成森林抚育面积 4 086 万公顷，促进了森林结构改善和森林资源增长，带动了林区职工和林农就业增收。

---

① 数据来源：国家林业局公告《精准泼绿，构筑重点区域生态安全屏障——"长、珠、海、太、平"防护林工程建设综述》。
② 数据来源：国家林业局公告《新一轮退耕还林启动　全面深化改革又一重大突破》。
③ 数据来源：《2015 年中国国土绿化状况公报》。
④ 数据来源：《2011 年中国国土绿化状况公报》《2012 年中国国土绿化状况公报》《2013 年中国国土绿化状况公报》《2014 年中国国土绿化状况公报》《2015 年中国国土绿化状况公报》。

三、强化森林灾害防控

严格实施林地保护利用规划，开展了非法侵占林地清理排查和重点国有林区开垦林地清查，严厉打击非法侵占林地行为，遏制了林地流失势头。加强天然林资源保护，完善保护政策，扩大天然林资源保护范围，停止天然林商业性采伐。2015 年年底，天然林资源保护工程区管护天然林面积达到 17.32 亿亩，碳汇等生态功能明显增强。加强林业灾害防控。加强森林防火工作，"十二五"期间全国森林火灾受害率稳定控制在 1‰以下，年均发生森林火灾次数、受害森林面积、人员伤亡数比"十一五"分别下降 58%、85%和 43%，继续呈现"三下降"态势。加强林业有害生物综合防控。2015 年，全国主要林业有害生物成灾率控制在 4.5‰以下，松材线虫病、美国白蛾等重大有害生物严重危害势头得到有效控制，减少了因害造成的碳排放。

四、发展海洋蓝色碳汇

"十二五"期间，中国开展了浅海贝藻养殖固碳技术、固碳潜力评估理论和技术研究，初步建立了浅海贝类和藻类固碳潜力评估技术，进行了浅海贝藻养殖固碳技术集成与示范。卫星遥感技术在海洋碳通量、滨海湿地、海草床、珊瑚礁等生态系统监测方面取得了突破性进展，形成了完善的区域碳汇监测技术能力。"十三五"时期，中国政府通过实施"南红北柳""蓝色海湾""生态岛礁"等重大工程恢复海岸带生态系统，改善水质环境，积极发展蓝色碳汇。

第六章　开展低碳发展试点示范

2010 年以来，中国陆续启动了低碳省区和低碳城市试点以及碳排放权交易试点工作，扎实推进了低碳工业园区、低碳社区、低碳城（镇）、绿色交通等试点，从不同层次、不同领域探索低碳发展路径和模式。

一、开展低碳省区和低碳城市试点

2010 年国家发展改革委印发了《关于开展低碳省区和低碳城市试点工作的通知》，陆续启动了两批包括广东、辽宁、湖北、陕西、云南、海南和天津、重庆、深圳、厦门、杭州、南昌、贵阳、保定、北京、上海、石家庄、秦皇岛、晋城、呼伦贝尔、吉林、大兴安岭、苏州、淮安、镇江、宁波、温州、池州、南平、景德镇、赣州、青岛、济源、武汉、广州、桂林、广元、遵义、昆明、延安、金昌、乌鲁木齐在内的共 42 个试点，要求各试点地区明确工作方向和原则要求，编制低碳发展规划，制定支持低碳绿色发展的配套政策，探索适合本地区的低碳绿色发展模式，构建以低碳、绿色、环保、循环为特征的低碳产业体系，建立温室气体排放数据统计和管理体系，确立控制温室气体排放目标责任制，积极倡导低碳绿色生活方式和消费模式，进一步强化温室气体排放总量控制和峰值目标倒逼机制。

"十二五"期间，各试点省区和试点城市认真落实试点通知要求，围绕国家发展改革委批复的低碳试点工作实施方案，成立了低碳试点工作领导小组，探索开展了城市碳排放核算与管理平台、碳排放影响评估、碳排放权交易、企业碳排放核算报告、低碳产品认证等方面的制度创新。低碳试点工作取得了积极进展，39 个试点省区和试点城市编制完成了低碳发展专项规划，13 个试点省区和试点城市设立了低碳发展专项资金，34 个试点省区和试点城市已经编制完成了至少一年的温室气体清单，36 个试点省区和试点城市建立了碳强度目标分解考核机制，14 个试点省区和试点城市建立了低碳产品认证制度，5 个试点省区和试点城市探索新建固定资产投资项目碳评价制度，34 个试点城市研究提出了实现碳排放峰值的年份目标，其中北京、上海、广州、杭州、青岛、吉林、苏州、镇江、宁波、温州、南平、济源 12 个城市明确提出了在 2020 年前达到碳排放峰值。试点省区和试点城市低碳发展取得了明显成效，相较于 2010 年的万元 GDP 碳排放，2014 年 42 个试点省区和试点城市的平均累计下降率为 19.4%，总体快于全国平均水平和同类地区。

二、推进地方碳排放权交易试点

2011 年国家发展改革委印发了《关于开展碳排放权交易试点工作的通知》，同意北京、天津、上海、重庆、湖北、广东及深圳开展碳排放权交易试点，要求各试点地区高度重视碳排放权交易试点工作，切实加强组织领导，建立专职工作队伍，安排试点工作专项资金，抓紧组织编制碳排放权交易试点实施方案，明确总体思路、工作目标、主要任务、保障措施及进度安排，同时要着手研究制定碳排放权交易试点管理办法，明确试点的基本规则，测算并确定本地区温室气体排放总量控制目标，研究制定温室气体排放配额分配方案，建立本地区碳排放权交易监管体系和登记注册系统，培育和建设交易平台，做好碳排放权交易试点支撑体系建设。

2013 年 6 月至 2014 年 6 月，各碳排放权交易试点陆续启动。各试点地区结合本地实情，综合考虑碳强度目标、经济增长趋势、企业及行业排放水平等因素，均发布了地方碳交易管理办法，确定了参与碳交易的企业门槛，共纳入控排企业和单位 1 900 多家，研究确定了覆盖的气体和行业及配额分配方法，分配碳排放配额约 12 亿吨二氧化碳。各试点地区针对碳排放权交易所覆盖的行业，研究建立碳排放核算方法和标准，开展企业碳排放历史数据核查，建立温室气体测量、温室气体监测、报告和核查（MRV）制度，分配排放配额，建立交易系统和规则，开发注册登记系统，设立专门管理机构，建立市场监管体系，进行人员培训和能力建设，初步形成了全面完整的碳交易试点制度框架。试点工作开展以来，碳市场运行平稳，交易规模逐步扩大，各碳交易试点对碳交易实行集中、统一管理，均建立了碳排放权交易机构，并规定其为辖区内碳交易指定场所。截至 2015 年年底，中国 7 个碳市场试点二级市场配额累计成交量 5 032 万吨二氧化碳，累计成交额 14.13 亿元，平均成交价格 28 元/吨；国家核证自愿减排量（CCER）累计成交 3 560.5 万吨二氧化碳，累计成交额近 3 亿元，均价近 8 元/吨。

其中，湖北、广东、深圳、北京等碳市场交易规模占比较大，市场活跃度相对较高。值得注意的是，广东等碳交易试点的配额分配在免费基础上引入了拍卖制度，尝试探索一级市场与二级市场的价格传导模式，为构建更为合理的碳定价机制提供了经验。此外，试点碳市场的建立与运行促进了碳金融业务的发展，丰富了企业节能减排融资渠道，进一步满足了碳市场参与者日益多样化的需求。在试点过程中，各地区加大对履约的监督和执法力度，2014 年和 2015 年履约率分别达到 96% 和 98% 以上。通过试点省区和试点城市的积极探索，目前已基本形成了具有一定约束力、由强度目标转换成绝对总量控制目标的、覆盖部分经济部门的交易和政策体系。

三、开展低碳工业园区、社区等试点

国家发展改革委组织开展低碳工业园区、低碳社区、低碳城（镇）评价指标体系和配套政策研究，探索形成适合中国国情的低碳发展模式和政策机制。

（一）低碳工业园区

2013 年工业和信息化部会同国家发展改革委印发了《关于组织开展国家低碳工业园区试点工作的通知》，联合开展了国家低碳工业园区试点工作，研究制定相应的评价指标体系和配套政策，选择一批基础好、有特色、代表性强、依法设立的工业园区进行试点建设，推广一批适合中国国情的工业园区低碳管理模式，引导和带动工业低碳发展。2014 年审核公布了第一批 55 家国家低碳工业园区试点名单，2015 年批复同意 39 家低碳工业园区试点实施方案。各试点园区通过推广可再生能源，加快传统产业低碳化改造和新型低碳产业发展，实现园区单位工业增加值碳排放大幅下降。

（二）低碳社区

2014 年国家发展改革委印发了《国家发展改革委关于开展低碳社区试点工作的通知》，在全国范围内启动了低碳社区试点工作，从社区规划、建筑设施建设、运营管理、环境营造、文化生活等方面提出了低碳建设的新理念、新做法和新模式。为进一步指导和推进低碳社区试点建设工作，2015 年印发了《国家发展改革委办公厅关于印发低碳社区试点建设指南的通知》，对城市新建社区、城市既有社区和农村社区的试点选取要求、建设目标、建设内容及建设标准进行分类指导。同时，研究形成了低碳社区碳排放核算方法学，并启动了《低碳社区试点评价指标体系》研究工作，为低碳社区试点建设提供技术支撑。根据国家统一部署，全国各地积极开展了试点工作方案编制、试点社区评选、配套政策制定等一系列工作，取得了积极成效。通过开展低碳社区试点，将低碳理念融入社区规划、建设、管理和居民生活中，探索有效控制城乡社区碳排放的途径，推动城乡社区低碳化发展。

（三）低碳城（镇）

2011 年财政部、住房和城乡建设部、国家发展改革委启动了绿色低碳重点小城镇试点示范工作，选定北京市密云县古北口镇、天津市静海县大邱庄镇、江苏省常熟市海虞镇、安徽省合肥市肥西县三河镇、福建省厦门市集美区灌口镇、广东省佛山市南海区西樵镇、重庆市巴南区木洞镇 7 个镇为第一批试点示范绿色低碳重点小城镇，各试点示范镇根据本地经济社会发展水平、区位特点、资源和环境基础，分类探索小城镇建设发展模式。住房和城乡建设部于 2011 年组织开展低碳生态城市技术研究与推广和试点示范工作，2012 年会同财政部对天津市中新生态城等 8 个绿色生态城区给予各 5 000 万元中央财政资金支持。截至 2015 年年底，住房和城乡建设部共确定低碳生态城市、绿色生态城区试点 28 个，低碳生态城市国际合作试点 25 个。2015 年国家发展改革委印发了《国家发展改革委关于加快推进国家低碳城（镇）试点工作的通知》，提出争取用 3 年左右时间，建成一批产业发展和城区建设融合、空间布局合理、资源集约综合利用、基础设施低碳环保、生产低碳高效、生活低碳宜居的国家低碳示范城（镇），并选定广东深圳国际低碳城、广东珠海横琴新区、山东青岛中德生态园、江苏镇江官塘低碳新城、江苏无锡中瑞低碳生态城、云南昆明呈贡低碳新区、湖北武汉花山生态新城、福建三明生态新城作为首批国家低碳城（镇）试点。

四、推进其他领域低碳试点示范

（一）低碳交通试点

交通运输部 2011 年启动了低碳交通运输体系建设试点工作，以公路、水路交通运输和城市客运为主，选定天津、重庆、深圳、厦门、杭州、南昌、贵阳、保定、无锡、武汉 10 个城市开展首批试点，2012 年又选定北京、昆明、西安、宁波、广州、沈阳、哈尔滨、淮安、烟台、海口、成都、青岛、株洲、蚌埠、十堰、济源 16 个城市开展低碳交通运输体系建设第二批城市试点工作，组织开展了低碳交通城市、低碳港口、低碳航道建设、低碳公路建设等评价指标体系研究。各试点城市通过建设低碳型交通基础设施，推广应用低碳型交通运输装备，优化交通运输组织模式及操作方法，建设智能交通工程，完善交通公众信息服务，建立健全交通运输碳排放管理体系，加快建设以低碳排放为特征的交通运输体系。

（二）低碳产品认证

2013 年国家发展改革委与国家认证认可监督管理委员会联合建立了低碳产品认证制度，2015 年印发了《节能低碳产品认证管理办法》，开展了低碳产品认证试点，组织研究产品碳排放计算方法；国家认证认可监督管理委员会发布了低碳产品认证机构审批要求。第一批认证目录包括通用硅酸盐水泥、平板玻璃、铝合金建筑型材、中小型三相异步电动机 4 种产品，第二批认证目录包括建筑陶瓷砖（板）、轮胎、纺织面料 3 种产品，并在广东省和重庆市开展低碳产品认证试点工作，探索鼓励企业生产、社会消费低碳产品的良好制度环境。截至 2015 年年底，14 个省（区、市）共 981 项低碳产品获得认证证书。

（三）碳捕集、利用和封存（CCUS）

2013 年 4 月，国家发展改革委印发了《关于推动碳捕集、利用和封存试验示范的通知》，明确了近期推动 CCUS 的试验示范工作，积极开展 CCUS 工程应用，启动中国石油化工集团公司的国内首个燃煤电厂烟气 CCUS 全流程示范工程。国土资源部初步完成了 417 个盆地的二氧化碳地质储存潜力与适应性评估，并与神华集团合作在内蒙古鄂尔多斯市伊金霍洛旗实施了我国首个二氧化碳地质储存示范工程。2013 年科学技术部发布《"十二五"国家碳捕集、利用与封存科技发展专项规划》，开展了二氧化碳化工利用关键技术研发与示范、二氧化碳矿化利用技术研发与工程示范、燃煤电厂二氧化碳捕集、驱替煤层气利用与封存技术研究与试验示范等 CCUS 科技支撑计划项目，成立了由国内 40 多家相关企业、高校、科研院所参加的 CCUS 产业技术创新联盟。

第七章 国际市场机制（CDM）

为进一步推进清洁发展机制项目在中国的有序开展，促进清洁发展机制市场的健康发展，2011 年 8 月，国家发展改革委会同科技部、外交部、财政部对《清洁发展机制项目运行管理办法》进行了修订。中国清洁发展机制网 CDM 项目数据库数据显示，"十二五"期间，国家发展改革委共批准 CDM 项目 2 226 个，其中 2 115 个项目在清洁发展机制执行理事会注册，项目获签发数达 3 468 次（包括"十二五"之前已注册的项目），签发的减排量约为 6.95 亿吨二氧化碳当量，其中，1 135 个项目系首次获得签发，签发的减排量约为 1.07 亿吨二氧化碳当量。

第四部分
资金、技术和能力建设需求及获得的资助

　　资金、技术和能力建设是应对气候变化的一项重要内容，发达国家切实兑现向发展中国家提供资金、技术转让和能力建设支持是发展中国家有效应对气候变化的重要保障。中国正处在工业化、城镇化深入发展阶段，面临着发展经济、消除贫困、改善民生、保护环境、应对气候变化等多重挑战。全面落实中国控制温室气体排放行动目标和国家自主贡献目标，不仅需要国内付出艰苦努力，也需要《公约》附件一缔约方按照《公约》的要求，在资金、技术和能力建设等方面提供支持，以提高中国应对气候变化的能力。

第一章　应对气候变化资金需求和获得的支持

一、国内资金投入

《"十二五"控制温室气体排放工作方案》明确提出强化资金保障落实，从节能减排和可再生能源发展等财政资金中安排资金，支持应对气候变化相关工作。充分利用中国清洁发展机制基金资金，拓宽多元化投融资渠道，积极引导社会资金、外资投入低碳技术研发、低碳产业发展和控制温室气体排放重点工程。调整和优化信贷结构，积极做好控制温室气体排放、促进低碳产业发展的金融支持和配套服务工作。在利用国际金融组织和外国政府优惠贷款安排中，加大对控制温室气体排放项目的支持力度。

"十二五"时期，中国积极推进低碳发展和绿色发展战略，开展应对气候变化减缓和适应行动，并为此投入了大量资金。2010—2014 年，国家财政用于支持减缓和适应气候变化的相关行动，包括能源节约、可再生能源、能源管理、自然生态保护、天然林保护、退耕还林、风沙荒漠化治理、退耕还草等，支出资金 8 210.69 亿元人民币[①]。2011—2014 年，国务院国有资产监督管理委员会（以下简称国资委）累计安排 200 亿元左右的国有资本经营预算用于支持各企业节能减排工作，中央企业节能减排降碳投入达 2 000 亿元以上，累计实现节能量约1.46 亿吨标准煤，相当于减少二氧化碳排放约 3.5 亿吨[②]。通过中国清洁发展机制基金支持中央和地方开展应对气候变化政策研究、能力建设和提高公众意识等活动。"十二五"期间，基金累计安排 11 亿元赠款资金，支持开展了 505 个赠款项目，开展有偿使用业务，审核通过了210 个委托贷款项目，安排贷款资金达到 130.36 亿元，撬动社会资金 640.43 亿元。2015 年，财政部还首次将应对气候变化管理事务纳入"政府收支分类科目"，在政府年度预算中为应对气候变化工作安排相关资金。为促进能源节约，提高能源利用效率，财政部于 2015 年印发了

---

① 数据来源：《中国财政年鉴 2011》《中国财政年鉴 2012》《中国财政年鉴 2013》《中国财政年鉴 2014》《中国财政年鉴 2015》。截全本书截稿前，2016 年中国财政年鉴尚未公开出版发行。

② 数据来源：《中国应对气候变化的政策与行动 2015 年度报告》。

《节能减排补助资金管理暂行办法》。同时，积极鼓励企业参与，发挥市场机制作用，截至 2014
年，新兴产业创投计划支持设立创业投资基金已达 190 只，其中投资于节能环保和新能源领
域的基金有 44 只，投资规模约 126 亿元①。

二、获得的国际支持

（一）从《公约》资金机制运营实体全球环境基金获得的支持

作为发展中国家，中国符合《公约》气候资金支持的受援国条件，具有申请使用《公约》
资金机制运营实体资金支持的权利。在全球环境基金（GEF）的 2010—2014 财年，中国获得
GEF 赠款承诺支持的气候变化领域国别项目共计 20 个（表 4-1），合计获得赠款资金约 1.49
亿美元，主要涉及领域包括能效提升、低碳交通、建筑节能、低碳城市示范和农作物土壤碳
封存等。

表 4-1　2010—2014 财年中国获得 GEF 赠款承诺的气候变化项目

序号	GEF 项目代码	项目名称	GEF 赠款/万美元
1	3824	中国—新加坡天津绿色低碳生态城项目	616
2	4109	中国工业能源效率促进项目	400
3	4156	城市群生态交通：模式开发与示范项目	480
4	4188	气候变化技术需求评估项目	500
5	4488	中国上海低碳城市绿色能源方案	435
6	4493	中国可再生能源加强（二期）	2 728
7	4500	大城市交通堵塞与碳减排项目	1 818
8	4621	河北能源效率改进与减排	364
9	4866	工业供热系统与高耗能设备提高能效项目	538
10	4869	城市建筑节能与可再生能源项目	1 200
11	4882	中国第三次信息通报和双年报准备项目	728
12	4947	中国市场化能效开发项目	1 780

① 数据来源：《中国应对气候变化的政策与行动 2014 年度报告》。

序号	GEF 项目代码	项目名称	GEF 赠款/万美元
13	5121	节能减排和主要农作物生产的土壤碳封存项目	510
14	5360	中国电动汽车工业节能推进项目	350
15	5373	浙江绿色物流项目	291
16	5411	江西和福州城市综合基础设施改进	255
17	5582	江西和济南可持续城市交通项目	255
18	5627	中国清洁汽车租赁项目	232
19	5669	固态照明市场转换和发光二极管照明项目	624
20	5728	中国燃料电池汽车开发和商业化促进项目	823

数据来源：全球环境基金官网。

（二）与《公约》附件一缔约方和相关国际组织合作获得支持

中国高度重视气候变化双边和多边国际合作。在过去几年间，中国致力于同《公约》附件一缔约方和相关国际组织在减缓和适应气候变化行动及相关能力建设领域开展友好合作，从国家和地方层面与国际社会共同探索促进全球绿色低碳发展路径创新与转型，并得到了一定的资金支持，主要项目支持情况见表4-2。

表 4-2　中国应对气候变化获得的主要双边和多边国际合作项目支持情况

序号	项目名称	合作伙伴	资金额度	项目周期
1	中国省级应对气候变化方案项目	联合国开发计划署（UNDP）/挪威/欧盟	410 万美元	2008—2012 年
2	中意气候变化合作计划	意大利	280 万欧元	2010—2016 年
3	中国基于"十二五"的适应气候变化战略应用研究	挪威	91 万挪威克朗	2010—2016 年
4	中挪生物多样性与气候变化项目	挪威	1 943 万挪威克朗	2011—2014 年
5	省级温室气体清单能力建设和企业温室气体核算项目	UNDP/挪威	300 万美元	2012—2015 年
6	国家碳排放权交易及自愿减排交易登记注册系统建立及相关能力建设项目	UNDP/挪威	406 万美元	2012—2016 年
7	重庆市、广东省低碳产品认证项目	欧盟/UNDP	96 万美元	2013—2014 年

序号	项目名称	合作伙伴	资金额度	项目周期
8	碳市场伙伴关系项目前期准备	世界银行	38 万美元	2013—2015 年
9	中欧碳交易能力建设项目	欧盟	500 万欧元	2014—2017 年
10	碳市场伙伴关系项目	世界银行	800 万美元	2015—2018 年
11	中欧低碳生态城市合作项目	欧盟	936 万欧元	2014—2017 年
12	中德公共建筑节能项目	德国	300 万欧元	2011—2015 年
13	建筑节能与气候保护：中国北方既有居住建筑采暖能耗基准线研究项目	德国	200 万欧元	2010—2013 年
14	中国建筑节能领域关键参与者能力建设项目	德国	195 万欧元	2013—2016 年

（三）编制双年报获得的资助

作为《公约》非附件一缔约方，中国通过向作为《公约》资金机制运行实体的 GEF 申请资助，用于准备第三次国家信息通报和第一次两年更新报告。2015 年获得了 GEF 的赠款，其中用于支持编制两年更新报告的预算约为 90 万美元。在收到 GEF 赠款后，中国政府积极部署，由国家发展改革委牵头成立项目指导委员会，组织有关单位和专家进行撰写，用 1 年多时间完成了两年更新报告的编制、讨论、征求意见、送审、提交等工作。

三、未来资金需求

为实现 2030 年中国控制温室气体排放自主行动目标，有效实施国家自主贡献文件提出的完善应对气候变化区域战略、构建低碳能源体系、形成节能低碳的产业体系、控制建筑和交通领域排放、努力增加碳汇、全面提高适应气候变化能力、强化科技支撑等 15 项重大行动，中国应对气候变化仍存在很大的资金需求。据国家气候战略中心研究测算，未来 15 年的新增低碳投资需求约为 30 万亿元人民币，其中新增节能投资约为 10 万亿元、新增低碳能源投资约为 20 万亿元，平均每年约为 2 万亿元。为满足上述资金需求，一方面需要国内政府、企业和社会团体增加投入；另一方面也需要继续开展多双边国际合作，特别是争取发达国家提供的"新的、额外的"气候资金支持。

第二章　应对气候变化技术需求

一、国内政策与行动

2011 年国务院发布的《"十二五"控制温室气体排放工作方案》明确提出加强低碳技术研发和推广应用，在重点行业和重点领域实施低碳技术创新及产业化示范工程，重点发展经济适用的低碳建材、低碳交通、绿色照明、煤炭清洁高效利用等低碳技术；开发高性价比太阳能光伏电池技术、太阳能建筑一体化技术、大功率风能发电、天然气分布式能源、地热发电、海洋能发电、智能及绿色电网、新能源汽车和储电技术等关键低碳技术；研究具有自主知识产权的碳捕集、利用和封存等新技术。推进低碳技术国家重点实验室和国家工程中心建设。编制低碳技术推广目录，实施低碳技术产业化示范项目。

2011 年 12 月，国家能源局印发了《国家能源科技"十二五"规划》，确定先进核能发电技术、大型风力发电技术、高效大规模太阳能发电技术、大规模多能源互补发电技术和生物质能的高效利用技术 5 个能源应用技术和工程示范重大专项。2012 年 5 月，科技部会同外交部、国家发展改革委等发布了《"十二五"国家应对气候变化科技发展专项规划》，明确提出选择一批跨部门、跨领域、可操作性强、应用前景广阔的减缓和适应气候变化技术进行重点支持、集中攻关并示范，并在减缓和适应领域分别提出重点发展的 10 项关键技术。2013 年 4 月，国家发展改革委印发了《关于推动碳捕集、利用和封存试验示范的通知》，明确提出结合碳捕集和封存各工艺环节实际情况开展相关试验示范项目，重点开展示范项目和基地建设，探索建立相关政策激励机制，推动相关标准规范的制定。国家发展改革委分别于 2014 年和 2015 年发布了两批《国家重点推广的低碳技术目录》，共 62 项低碳技术（表 4-3），科技部编制并发布了《节能减排与低碳技术成果转化推广清单》，共 19 项技术。

表 4-3　国家重点推广的低碳技术目录

第一批	第二批
非化石能源类技术	
基于微结构通孔阵列平板热管的太阳能集热器技术、多能源互补的分布式能源技术、太阳能热泵分布式中央采暖系统技术、太阳能热利用与建筑一体化技术、高效光伏逆变器技术、直驱永磁风力发电技术、低风速风力发电技术、生物质成型燃料规模化利用技术、生物燃气高效制备热电联产技术、农作物秸秆规模化收集装备技术、生物质热解炭汽油联产技术、微电网并网运行及接入控制关键技术	风电场、光伏电站集群控制技术、基于免蓄电池风光互补扬水灌溉技术、生物质气化燃气替代窑炉燃料技术、基于二次燃烧的高效生物质气化燃烧技术、基于氢氧化钠湿式固态常温预处理工艺的生物天然气制备技术、基于无机械搅拌厌氧系统的生物天然气制备技术、基于亚临界水热反应生物质废弃物资源化利用技术、工业生物质废弃物能源化（热解）利用集成技术
燃料及原材料替代类技术	
生活垃圾焚烧发电技术、有机废气吸附回收技术、有机废弃物厌氧发酵制备车用燃气技术、低碳喷射混凝土技术、低水泥用量堆石混凝土技术、电石渣制水泥规模化应用技术、发动机再制造技术、全生物二氧化碳基降解塑料制造技术、废聚酯瓶片回收直纺工业丝技术、沥青混凝土拌和站天然气替代燃油改造技术、罐式煅烧炉密封改造技术	基于双膨胀自深冷分离的石油化工尾气高效回收技术、乙烯氧化生产环氧乙烷高性能银催化剂技术、黏度时变材料可控灌浆技术、新型干法水泥窑无害化协同处置污泥技术、全生物降解材料聚羟基脂肪酸酯（PHA）的制作技术、竹缠绕复合压力管技术、利用废聚酯类纺织品生产再生涤纶短纤维关键技术、PH型智能化扩容蒸发器技术、环保型PAG水溶性介质淬火技术、车用锂离子动力电池系统开发技术、基于能源作物蓖麻的全产业链高值化利用技术、餐厨废弃物资源化利用生产生物腐殖酸技术
工艺过程等非二氧化碳减排类技术	
低浓度瓦斯真空变压吸附提浓技术、降低铝电解生产全过程全氟化碳（PFCs）排放技术、等离子体焚烧处理三氟甲烷（HFC-23）技术、HFC-23高温焚烧分解技术、应用副产四氯化碳制备含氟单体三氟丙烯技术	煤层瓦斯增透解吸技术、六氟化硫（SF_6）气体循环再利用技术、电力开关设备 SF_6 气体替代技术、利用 CO_2 替代HFCs发泡生产挤塑板的技术、低充灌量R290空调压缩机技术
碳捕集、利用和封存类技术	
二氧化碳的捕集驱油及封存技术、二氧化碳捕集生产小苏打技术	低碳低盐无氨氮分离提纯稀土化合物新技术、半碳法制糖工艺技术
碳汇类技术	
秸秆生物质炭农业应用技术、杉木人工林增汇减排经营技术、油料植物能源化利用过程的 CO_2 减排技术	公益性人工林小林窗疏伐经营技术、秸秆清洁制浆及其废液肥料资源化利用技术

二、国际合作与进展

《中华人民共和国气候变化第二次国家信息通报》在减缓与适应气候变化方面均提出了明确的技术需求清单，其中减缓技术需求集中在能源、钢铁、交通、建筑以及通用技术 5 个方面，包括整体煤气化联合循环（IGCC）发电系统技术、大规模海上风力发电技术、氢能与燃料电池技术、智能电网与储能技术、碳捕集与封存、高效纯电动汽车技术等较为详细的技术需求；适应技术需求集中在综合观测、数值预报、农业领域、海岸带防护和生态系统 5 个领域。

"十二五"时期，中国积极推动和实践气候技术国际合作。在《公约》框架下，中国积极参与技术议题谈判与磋商，作为发展中国家的代表参加技术执行委员会、气候技术中心与网络咨询理事会等工作。在多边和区域合作领域，参与了电动汽车倡议、碳收集领导人论坛、国际智能电网行动网络倡议、国际氢能经济和燃料电池伙伴计划等多个国际倡议，2015 年 11 月由中国等 20 个国家共同发起的"创新使命"倡议提出参与国寻求 5 年内清洁能源研发的政府投资翻倍。在双边合作领域，推动中美、中欧、中英、中德、中韩等在气候变化领域的务实技术合作，在载重汽车和其他汽车减排，电力系统，碳捕集、利用和封存，建筑和工业能效，森林碳汇，温室气体测量，工业锅炉效率和燃料转换，绿色港口和船舶等方面取得积极进展（表 4-4）。

表 4-4　中美应对气候变化工作组下的技术合作

领域	技术合作内容	进展
载重汽车和其他汽车减排	提高载重汽车和其他汽车的燃油效率标准，加强清洁燃料和机动车排放控制技术领域交流与合作，推广高效、清洁的货运	启动了"零排放竞赛"（R2ZE）项目以及零排放竞赛官网，推广部署电动和其他零排放公交车的成功经验；制定了中美载重汽车发动机实验室循环测试方案；进一步合作推进"中国绿色货运行动倡议"（CGFI）以提高货运效率
电力系统	加强在智能电网以及电力消费、需求和竞争等领域的经验分享	继续推动"智能电网倡议"的落实；交流了制度创新和政策行动方面的最佳实践经验，以推动电力系统低碳化、增强气候适应力和可持续发展能力

领域	技术合作内容	进展
碳捕集、利用和封存	通过组织召开研讨会、支持互派技术专家等形式加强在大型项目示范、国际标准制定、政策制定与项目管理经验分享等领域开展交流与合作	确认了6个对口CCUS合作项目，旨在推动两国建设大规模CCUS示范项目，以降低未来技术部署的成本
建筑和工业能效	在利用合同能源管理（EPC）以及评选与推广最佳节能实践和最佳节能技术方面加强合作	推动和评估了符合两国一致推行标准的中美合同能源管理试点项目
气候变化和森林	加强林业测量、报告和监管方面的技术合作，在森林地减缓和适应气候变化协同效应领域开展试点经验交流与分享	举办林业相关温室气体评估和报告研讨会，组织中方专家考察美国土地领域国家级温室气体检测体系和技术体系
气候智慧型/低碳城市	开展气候智慧型/低碳城市相关技术和服务展览，推动技术交流	在洛杉矶市和北京市各召开一届"中美气候智慧型/低碳城市峰会"
工业锅炉效率和燃料转换	分享锅炉系统追踪、监控和标准化经验	选择宁波市和西安市作为试点城市，并为解决两城市工业锅炉能源和环境挑战制定中美协作分析和实施路线图。双方于2016年1月组织融资伙伴和美国技术提供方赴宁波和西安市考察，促成其与希望参与改造或代替小规模锅炉的地方利益相关方会面
温室气体测量	中国计量科学研究院与美利坚合众国国家标准与技术研究院将在重要领域开展测量科学与标准方面互利共赢的合作，支撑2014年11月12日两国元首宣布的《中美气候变化联合声明》的实施，同时支持产业发展和环境保护，提高两国国民的健康水平和生活质量	中美双方已于2015年9月习近平总书记访美期间正式签订《中华人民共和国国家计量科学研究院与美利坚合众国国家标准与技术研究院关于温室气体测量和精准医疗领域标准的合作意向书》

三、技术需求清单

关键技术的开发与转让对中国实现国家自主贡献目标至关重要。中国国家自主贡献文件明确提出加强对节能降耗，可再生能源和先进核能，碳捕集、利用和封存等低碳技术的研发和产业化示范，推广利用二氧化碳驱油、驱煤层气技术；研发极端天气预报预警技术，开发生物固氮、病虫害绿色防控、设施农业技术，加强综合节水、海水淡化等技术研发，并提出健全应对气候变化科技支撑体系，建立政产学研有效结合机制，加强应对气候变化专业人才培养。

基于第二次国家信息通报提出的技术需求，国家发展改革委利用世界银行中国应对气候变化技术需求评估项目，结合中国近期出台的应对气候变化相关技术战略规划与行动方案，对中国应对气候变化技术需求进行了更新（表4-5、表4-6）。

表4-5　中国减缓技术需求清单

领域	技术名称
能源	先进煤气化技术、先进低阶煤热解技术、高效超超临界燃煤发电技术、超临界二氧化碳循环发电技术、整体煤气化燃料电池联合循环（IGFC-CC）发电技术、磁流体发电联合循环（MHD-CC）发电技术、高效燃气轮机技术
	快堆及燃料元件设计与工程化技术、超高温气冷堆关键技术及高温热工程应用技术、先进小型堆关键技术及工程化
	新型高效太阳能电池产业化关键技术、高效和低成本晶体硅电池产业化关键技术、薄膜太阳能电池产业化关键技术、高参数太阳能热发电技术、分布式太阳能热电联供系统技术、太阳能热化学制取清洁燃料关键技术、智能化分布式光伏及微电网应用技术、高能效和低成本智能光伏电站关键技术、大型槽式太阳能热发电站仿真与系统集成技术、50～100 MW级大型太阳能光热电站关键技术
	100米级及以上叶片设计制造技术、大功率陆上风电机组及部件设计与优化关键技术、陆上不同类型风电场运行优化及运维技术、10 MW级及以上海上风电机组及关键部件设计制造关键技术、10 MW级及以上海上风电机组控制系统与变流器关键技术、远海风电场设计建设技术、大型海上风电机组基础设计建设技术、大型海上风电基地群控技术、海上风电场实时监测与运维技术
	大规模制氢技术、分布式制氢技术、氢气储运技术、氢气/空气聚合物电解质膜燃料电池（PEMFC）技术、甲醇/空气聚合物电解质膜燃料电池（MFC）技术、燃料电池分布式发电技术
	生物航油制取关键技术、绿色生物炼制技术、生态能源农场、生物质能源开发利用探索技术、波浪能利用技术、潮流能利用技术、温（盐）差能利用技术、干热岩开发利用技术、水热型地热系统改造与增产技术
	储热/储冷技术、新型压缩空气储能技术、飞轮储能技术、高温超导储能技术、大容量超级电容储能技术、电池储能技术、先进输变电装备技术、直流电网技术、电动汽车无线充电技术、新型大容量高压电力电子元器件及系统集成、高效电力线载波通信技术、可再生能源并网与消纳技术、现代复杂大电网安全稳定技术
	新一代大规模低能耗CO_2捕集技术，基于IGCC系统的CO_2捕集技术，大容量富氧燃烧锅炉关键技术，CO_2驱油利用与封存技术，CO_2驱煤层气与封存技术，CO_2驱水利用与封存技术，CO_2矿物转化、固定和利用技术，CO_2矿化发电技术，CO_2化学转化利用技术，CO_2生物转化利用技术，CO_2安全可靠封存与监测及运输技术
钢铁	炼焦煤预热技术、新型炼焦技术、炼焦荒煤气余热回收技术、利用废弃物代替炼焦煤技术、低碳排放炼铁技术、电炉炼钢节能技术、高效铸轧技术、低热值煤气高效利用发电技术
交通	先进高速重载轨道交通装备、城市轨道交通牵引供电系统制动能量回馈技术、轨道车辆直流供电变频空调技术、缸内汽油直喷发动机技术、车用燃油清洁增效技术、基于减小螺旋桨运动阻力的船舶推进系统、数字化岸电系统、沥青路面冷再生技术、LED智能照明技术、大功率氙气灯照明技术、港口优化技术

领域	技术名称
建筑	建筑工业化技术、装配式住宅技术、超低能耗建筑技术、高效能热泵技术、磁悬浮变频离心式中央空调技术、温湿度独立控制空调系统技术、排风余热与制冷机组冷凝热回收、高防火性墙体保温技术、热反射镀膜玻璃技术、低辐射（Low-E）玻璃技术、建筑遮阳技术
建材	利用玻璃熔窑烟气余热发电技术、计算机工艺控制技术、浮法玻璃熔窑 0# 喷枪纯氧助燃技术、熔窑全保温技术、利用玻璃窑烟气余热预热配合料技术、全氧燃烧技术
化工	高含 CO_2 天然气制甲醇技术、液力透平节能技术、压缩机 Hydro COM 无级气量调节系统、开式热泵技术、无 CO_2 排放型粉煤加压输送技术、离子交换膜技术
有色金属	富氧顶吹熔炼技术、闪速富氧熔池熔炼技术、烟气余热回收技术
农林和土地利用	碧晶尿素增产减排高效利用技术、高产低排放水稻品种选育技术、农林复合系统营建技术、最佳森林经营方案确定技术、土地利用综合管理技术
废弃物	焚烧-燃气发电-蒸汽联合循环系统（WtE-GT）、烟气换热（Gas-Gas Heating，GGH）技术、填埋气高效收集与利用技术、填埋场生物覆盖层减排技术
海洋	波浪能利用技术、潮流能利用技术、温（盐）差能利用技术、蓝色碳汇调查评估技术体系、蓝色碳汇贮藏能力提升技术体系、海洋二氧化碳海底封存技术
通用	高效工业锅（窑）炉技术、新型节能电机及拖动设备、工业余能深度回收利用技术、工业系统优化节能技术

表 4-6 中国适应技术需求清单

领域	技术名称
农业	水稻耐热育种技术、水稻抗稻瘟病育种技术、水稻抗白叶枯病育种技术、水稻抗条纹叶枯病育种技术、玉米耐旱育种技术、南方玉米锈病技术、小麦耐旱性育种技术、小麦抗白粉病育种技术、小麦抗赤霉病育种技术、抗虫棉育种技术、精准肥水技术、可降解的覆盖保墒技术、膜下滴灌技术、膜面集雨技术
林业	干旱半干旱石质山地困难立地植被恢复技术、荒漠植被快速恢复技术、干旱地区微水造林技术、山地脆弱生态区植被恢复技术、森林火灾致灾机理与综合防控技术、基于森林健康理念的采伐作业技术措施、低效林改造对策和措施、人工复层林经营技术、北方针叶林采伐管理技术、权衡森林商品和服务的管理技术
水资源	太阳能光伏提水灌溉节水技术、橡胶坝供水技术、大型喷灌机技术、干旱适应性技术、雨水集蓄利用技术、贫水层水开发集成利用技术、复合流人工湿地净化污水技术、中水回用处理设备及技术、处理分散生活污水腐殖填料滤池工艺技术、低温膜蒸馏技术、海水或苦咸水淡化膜技术、水资源优化配置技术、跨流域调水技术、水资源应急调配技术、水生态保护与修复技术、基于风险管理的水资源规划技术
城市	基于大排水系统全过程调控的城市内涝防控技术、长距离高扬程大流量引水工程关键技术、基于污水源分离的半集中式分质供排水技术、城市能源基础设施的"水、气、热三网"协同技术、被动式超低能耗绿色建筑建设技术、屋顶绿化技术、透水路面应用技术、大型城市地下管网抗灾可靠性优化设计技术、基于气候适应的城市基础设施设计和建设标准体系提升及支撑技术、城市基础设施运行风险仿真预警与综合防灾改造技术、城镇交通基础设施智能化监控与维护技术、地下管线周边空洞等病害体快速探测、风险评估和绿色修复技术、城市气候变化适应性规划体系构建技术、城市绿地布局优化技术、公共交通基础设施优化布局与智能运行技术

领域	技术名称
防灾减灾	能源供应战略方案及其环境综合影响模型、区域数值天气预报技术、环境气象数值模式技术、自动气象站技术、气象探空仪技术、雷电探测技术、天气雷达监测技术、气象卫星遥感技术、高性能计算机技术、气象观测资料质量控制技术、气象资料再分析技术、气象卫星资料同化技术、全球数值天气预报技术、灾害天气预报技术、全球及区域气候系统模式技术、气候及气候变化综合影响评估技术、极端洪旱灾害早期识别预警技术、气候变化对我国极端洪水事件影响模式技术、防洪减灾适应性技术、海洋生态系统对气候变化的脆弱性与适应性技术、气候变化对沿海地区经济社会发展影响评估技术、海岸带适应气候变化措施和技术

第三章　应对气候变化能力建设需求

一、国内政策与行动

2011 年国务院发布的《"十二五"控制温室气体排放工作方案》提出进一步完善应对气候变化政策体系和体制机制，逐步建立温室气体排放统计核算体系。2014 年 9 月国务院印发的《国家应对气候变化规划（2014—2020 年）》明确要求能力建设取得重要成果，应对气候变化的法规体系基本形成，基础理论研究、技术研发和示范推广取得明显进展，区域气候变化科学研究、观测和影响评估水平显著提高，气候变化相关统计、核算和考核体系逐步健全，人才队伍不断壮大，全社会应对气候变化意识进一步增强，应对气候变化管理体制和政策体系更加完备等。

"十二五"时期，中国政府利用国内资源不断提高应对气候变化能力，推动应对气候变化法制建设和重大政策制定，加强低碳发展顶层设计，完善管理体制和工作机制，加强低碳技术研发与应用，完善统计核算体系建设，提升应对气候变化基础能力。在法律体系建设方面，稳步推进应对气候变化立法的相关研究工作，2014 年国家发展改革委发布了《碳排放权交易管理暂行办法》，并在研究论证的基础上，向国务院法制办提交了《碳排放权交易管理条例》（送审稿），2015 年国家发展改革委会同有关部门完成了《应对气候变化法（初稿）》，并征求了地方政府、企业和非政府组织的意见；在管理体制方面，2013 年根据国务院机构设置及人员变动情况和工作需要，国务院办公厅调整了国家应对气候变化领导小组，完善了由国家发展改革委归口管理、有关部门和地方分工负责、全社会广泛参与的应对气候变化管理体制和工作机制；在统计核算方面，2013 年国家发展改革委会同国家统计局发布了《关于加强应对气候变化统计工作的意见》，进一步加强了应对气候变化统计的能力建设。

二、国际合作与进展

中国注重通过国际合作提高应对气候变化能力。在中美气候变化工作组温室气体数据管理合作倡议下，两国开展了一系列同企业温室气体核算与报告相关的合作交流活动，增加了双方温室气体排放信息透明度。在挪威政府和联合国开发计划署的共同支持下，中国开展了六大重点行业企业核算方法研究以及全部行业指南的培训活动，并派代表赴瑞典参加了欧盟"小型排放者"温室气体测量、报告和核查研讨会。在澳大利亚政府的支持下，中国有关机构开展了油气系统及石油炼制、煤炭生产、炼焦行业企业温室气体核算方法学和报告格式研究。在世界银行和欧盟的支持下，中国组织开展了关于中国碳排放权交易市场制度的一系列研究和准备活动。

三、能力建设需求清单

帮助发展中国家提高应对气候变化的能力是发达国家承担历史责任的主要手段之一，也是加强《公约》实施的重要内容。自第二次国家信息通报发布以来，中国利用有限的国内和国际资源加强应对气候变化能力建设，在温室气体清单编制和统计考核、适应气候变化、提高地方决策能力等方面取得了一定成效。中国近年来陆续发布的《国家适应气候变化战略》《国家应对气候变化规划（2014—2020 年）》以及国家自主贡献等规划性文件，为中国未来一段时期的工作作出了全面安排，也对中国全方位提升应对气候变化能力提出了要求。在第二次国家信息通报提出的能力建设需求的基础上，国家发展改革委对中国应对气候变化能力建设需求清单进行了更新（表4-7）。

表4-7　中国能力建设需求清单

领域	具体需求名称
温室气体清单编制	加强温室气体清单编制的国际交流，包括活动水平数据收集、排放因子监测和测试、准确分解国内和国际的航空航海燃料消费量、估算化石燃料非能源利用排放方法学等； 交流温室气体清单编制数据库建设经验； 在开发地方温室气体清单编制指南方面加强交流

领域	具体需求名称
温室气体统计核算体系	交流温室气体排放核算要求的基础统计体系建设情况； 交流温室气体排放数据报送平台建设的国际经验
适应气候变化	利用国际先进经验，加强地方制定适应战略和规划的能力；在节水灌溉农业、水资源配置与海岸带综合管理和防护方面加强国际合作；加强城市适应气候变化管理能力。 在气候变化综合评估和风险管理、气候变化监测预警信息发布体系、极端天气气候事件应急响应机制、防灾减灾应急管理体系建设方面加强国际合作；加强蓝色碳汇国际交流，海洋领域温室气体监测体系建设，海平面上升预测、影响调查、综合评估、适应技术的国际交流
地方政府气候变化领导能力	通过国际合作，加大对各级决策和基层工作人员的培训力度，提高利益相关方对于低碳发展重要性的认识； 利用国际先进经验，加强对地方在碳排放数据统计、分析及决策等方面的指导，加强地方低碳发展规划的能力
碳排放权交易制度	加强与国际上已开展碳排放权交易地区的合作与交流，在碳排放权分配、核算核证、交易规则、奖惩机制、监管体系等制度设计方面吸取国际先进经验； 通过国际合作，加快对碳排放权交易专业人才培养； 通过交流探讨中国碳排放权交易市场与国外碳排放权交易市场衔接的可行性，以及探索中国与其他地区开展双边和多边碳排放权交易活动的相关合作机制
培训和人才培养	需要通过国际合作，开展对政府官员、企业管理人员、媒体从业人员及相关专业人员应对气候变化方面的培训，提升意识和工作能力； 鼓励科学家和研究人员参与国际研究计划，通过国际合作加强对新闻宣传、战略与政策专家的队伍建设

第五部分

国内测量、报告和核查相关信息

国内测量、报告和核查能力建设对于发展中国家有效应对气候变化至关重要。作为一个负责任的发展中国家，中国政府十分重视应对气候变化相关基础工作和能力建设，早在2009年11月，国务院常务会议研究决定将碳强度下降目标作为约束性指标纳入国民经济和社会发展中长期规划，并制定相应的国内统计、监测、考核办法。通过"十二五"时期的不断探索和持续推进，中国应对气候变化的统计指标及基础统计体系、温室气体排放的核算报告体系以及二氧化碳排放控制目标的评价考核体系已经基本建立。

第一章　综　述

第二次国家信息通报有关资金、技术和能力建设需求篇章明确指出，建立和完善中国温室气体排放统计制度，有助于提高国家温室气体清单的权威性和数据透明度，促进温室气体清单编制工作的规范化、标准化和常态化。《中华人民共和国国民经济和社会发展第十二个五年规划纲要》明确要求建立完善温室气体排放统计核算制度，加强应对气候变化统计工作。

为加快制度和体系建设，完善相应工作机制，中国政府及有关部门出台了一系列政策性文件（表5-1）。2011年11月，国务院印发了《"十二五"控制温室气体排放工作方案》，要求构建国家、地方、企业三级温室气体排放基础统计和核算工作体系，加强对各省（区、市）"十二五"二氧化碳排放强度下降目标完成情况的评估考核。2013年5月，报请国务院同意，国家发展改革委会同国家统计局制定了《关于加强应对气候变化统计工作的意见》，明确要求各地区、各部门应高度重视应对气候变化统计工作、加强组织领导、健全管理体制、加大资金投入、加强能力建设。2013年11月，国家统计局会同国家发展改革委印发了《关于加强应对气候变化统计工作的意见》，研究制定了《应对气候变化部门统计报表制度（试行）》。2014年1月，国家统计局印发了《应对气候变化统计工作方案》的通知，研究制定了《政府综合统计系统应对气候变化统计数据需求表》。2014年，国家发展改革委先后印发了《关于组织开展重点企（事）业单位温室气体排放报告工作的通知》《单位国内生产总值二氧化碳排放降低目标责任考核评估办法》等相关文件。国家林业局编制并实施了《全国林业碳汇计量监测体系建设总体方案》等技术规范。

经过各方的共同努力，"十二五"时期中国应对气候变化及控制温室气体排放的基础统计、核算报告与评价考核三大制度设计、体系建设及工作机制取得重大进展（表5-2），为推动建立公平合理的国际MRV制度，开创中国应对气候变化事业新局面奠定了坚实基础。

表 5-1　中国应对气候变化相关统计、核算、考核政策性文件汇总

发布时间	发布机构	文件名称
2011 年 3 月	国家发展改革委办公厅	《关于印发省级温室气体清单编制指南（试行）的通知》（发改办气候〔2011〕1041 号）
2012 年 6 月	国家发展改革委	《温室气体自愿减排交易管理暂行办法》（发改气候〔2012〕1668 号）
2013 年 5 月	国家发展改革委、国家统计局	《关于加强应对气候变化统计工作的意见》（发改气候〔2013〕937 号）
2013 年 10 月	国家发展改革委办公厅	《关于印发首批 10 个行业企业温室气体排放核算方法与报告指南（试行）的通知》（发改办气候〔2013〕2526 号）
2013 年 11 月	国家统计局、国家发展改革委	《关于开展应对气候变化统计工作的通知》（国统字〔2013〕80 号）
2014 年 1 月	国家统计局	《应对气候变化统计工作方案》（国统办字〔2014〕7 号）
2014 年 1 月	国家发展改革委	《关于组织开展重点企（事）业单位温室气体排放报告工作的通知》（发改气候〔2014〕63 号）
2014 年 8 月	国家发展改革委	《单位国内生产总值二氧化碳排放降低目标责任考核评估办法》（发改气候〔2014〕1828 号）
2014 年 12 月	国家发展改革委办公厅	《关于印发第二批 4 个行业企业温室气体排放核算方法与报告指南（试行）的通知》（发改办气候〔2014〕2920 号）
2015 年 1 月	国家发展改革委办公厅	《关于开展下一阶段省级温室气体清单编制工作的通知》（发改办气候〔2015〕202 号）
2015 年 7 月	国家发展改革委办公厅	《关于印发第三批 10 个行业企业温室气体排放核算方法与报告指南（试行）的通知》（发改办气候〔2015〕1722 号）

表 5-2　中国应对气候变化相关统计、核算、考核工作一览

	国家	地方	企业
基础统计	温室气体排放基础统计制度及部门特性参数调查制度	温室气体排放基础统计制度	能源消费与温室气体排放台账制度
	应对气候变化统计指标体系及部门统计报表制度	应对气候变化统计指标体系及统计报表制度	温室气体排放监测计划
	应对气候变化统计工作领导小组等工作机制	应对气候变化统计职责分工等工作机制	—
核算报告	温室气体清单定期编制与报告制度及年度二氧化碳排放核算制度	温室气体清单定期编制与报告制度	重点企业年度温室气体排放报告制度
	温室气体清单数据管理系统	温室气体清单编制指南	重点企业温室气体排放核算方法与报告指南
	重点企业温室气体排放直报平台	重点企业温室气体排放在线报送系统	—

	国家	地方	企业
评价考核	碳强度下降目标年度及进度目标评估	省级温室气体清单质量评估与联审制度	重点企业温室气体排放核查与自愿减排项目温室气体排放核证制度
	单位国内生产总值二氧化碳排放降低目标责任考核评估办法	地市级行政区人民政府碳强度降低目标责任考核评估办法	—
	单位国内生产总值二氧化碳排放降低目标责任考核评估指标体系	—	—

第二章 应对气候变化统计指标与基础统计体系

通过建立应对气候变化统计指标体系，建立健全覆盖能源活动、工业生产过程、农业、土地利用变化和林业、废弃物处理等领域的温室气体基础统计和调查制度，中国应对气候变化的部门及地方统计报表制度及统计体系初步形成，应对气候变化统计的能力和水平逐步得到提高。

一、温室气体排放基础统计制度

为支撑温室气体清单编制工作，国家统计局在现有统计制度基础上，将温室气体排放基础统计指标纳入政府统计指标体系，建立健全了与温室气体清单编制相匹配的基础统计体系。一是进一步完善了能源统计制度，细化和增加了能源统计品种指标，将原煤细分为烟煤、无烟煤、褐煤、其他煤炭，修改完善了能源平衡表，完善或修订了工业、服务业以及公共机构的能源统计制度，组织开展了交通运输企业能耗统计监测试点等。二是初步构建了工业、农业、土地利用变化和林业、废弃物处理等相关领域与温室气体排放紧密关联的活动量及排放特征参数的统计与调查制度。

二、应对气候变化统计指标体系

为加强应对气候变化统计工作，科学设置反映气候变化特征和应对气候变化状况的统计指标，综合反映中国应对气候变化的努力和成效，在国家发展改革委会同国家统计局印发的《关于加强应对气候变化统计工作的意见》中，首次提出了中国应对气候变化统计指标体系，包括气候变化及影响、适应气候变化、控制温室气体排放、应对气候变化的资金投入以及应对气候变化相关管理五大类，涵盖 19 个小类，共计 36 项指标（表 5-3），并在此基础上建立了应对气候变化统计报表制度。

表 5-3　中国应对气候变化统计指标体系

领域	活动	指标	数据来源
一、气候变化及影响	1. 温室气体浓度	（1）二氧化碳浓度	国家气象局
	2. 气候变化	（2）各省（区、市）年平均气温	国家气象局
		（3）各省（区、市）平均年降水量	国家气象局
		（4）全国沿海各省海平面较上年变化	国家海洋局
	3. 气候变化影响	（5）洪涝干旱农作物受灾面积	减灾委、民政部、农业部、水利部
		（6）气象灾害引发的直接经济损失	减灾委、民政部、国家气象局
二、适应气候变化	1. 农业	（1）保护性耕作面积	农业部
		（2）新增草原改良面积	农业部
	2. 林业	（3）新增沙化土地治理面积	国家林业局
	3. 水资源	（4）农业灌溉用水有效利用系数	水利部
		（5）节水灌溉面积	水利部
	4. 海岸带	（6）近岸及海岸湿地面积	国家海洋局
三、控制温室气体排放	1. 综合	（1）单位国内生产总值二氧化碳排放降低率	国家发展改革委
	2. 温室气体排放	（2）温室气体排放总量	国家发展改革委、国家统计局
		（3）分领域温室气体排放量（5个领域6类温室气体分别的排放量）	国家发展改革委、国家统计局、工业和信息化部、环境保护部
	3. 调整产业结构	（4）第三产业增加值占 GDP 的比重	国家统计局
		（5）战略性新兴产业增加值占 GDP 的比重	国家统计局
	4. 节约能源与提高能效	（6）单位 GDP 能源消耗降低率	国家统计局
		（7）规模以上单位工业增加值能耗降低率	国家统计局
		（8）单位建筑面积能耗降低率	住房和城乡建设部
	5. 发展非化石能源	（9）非化石能源占能源消费总量比重	国家统计局、国家能源局
	6. 增加森林碳汇	（10）森林覆盖率	国家林业局
		（11）森林蓄积量	国家林业局
		（12）新增森林面积	国家林业局
	7. 控制工业、农业等部门温室气体排放	（13）水泥原料配料中废物替代比	工业和信息化部
		（14）废钢入炉比	工业和信息化部
		（15）测土配方施肥面积	农业部
		（16）沼气年产气量	农业部

领域	活动	指标	数据来源
四、应对气候变化的资金投入	1. 科技	（1）应对气候变化科学研究投入	财政部、科技部
	2. 适应	（2）大江大河防洪工程建设投入	水利部、财政部
	3. 减缓	（3）节能投入	国家发展改革委、财政部
		（4）发展非化石能源投入	国家能源局、财政部
		（5）增加森林碳汇投入	国家林业局、财政部
	4. 其他	（6）温室气体排放统计、核算和考核及其能力建设投入	国家发展改革委、财政部
五、应对气候变化相关管理	计量、标准与认证	（1）碳排放标准数量	国家质量监督检验检疫总局、国家发展改革委、工业和信息化部
		（2）低碳产品认证数量	国家质量监督检验检疫总局、国家发展改革委、工业和信息化部、环境保护部

三、应对气候变化统计工作机制

2014 年，国家统计局会同国家发展改革委等有关单位成立了由 23 个部门组成的应对气候变化统计工作领导小组，建立了以政府综合统计为核心、相关部门分工协作的工作机制。2014 年以来，国家统计局印发了《应对气候变化统计指标体系》《应对气候变化部门统计报表制度（试行）》和《政府综合统计系统应对气候变化统计数据需求表》等文件，并在全国 15 个省（区、市）开展了应对气候变化统计工作试点，应对气候变化统计队伍能力得到加强。

> **专栏 5-1　中国应对气候变化部门统计报表制度（试行）**
>
> （一）为加强我国应对气候变化统计工作，为国家温室气体清单编制和排放核算提供基础统计资料，依照《中华人民共和国统计法》，根据国家发展改革委、国家统计局《关于加强应对气候变化统计工作的意见》（发改气候〔2013〕937 号），制定本制度。
>
> （二）本制度是国家统计报表制度的一部分，是国家统计局对国务院有关部门（协会）的综合要求。各有关部门（协会）应按照全国统一规定的计算方法、统计口径、统计范围和填报目录，认真组织实施，按时报送数据。
>
> （三）本制度涉及的应对气候变化统计内容包括：应对气候变化统计指标和涵盖能源活动、工业生产过程、农业、土地利用变化与林业、废弃物处理五个领域的活动水平指标。

（四）本制度是国务院各有关部门（协会）报送的综合年报报表，各有关部门（协会）按规定时间向国家统计局报送数据。专题调查报送周期为五年一次，调查年份根据清单编制需要确定，调查方法由组织调查的部门自行确定，在调查年份次年向国家统计局报送，其他年份免报。

来源：国家统计局，2015 年 1 月 5 日，http://www.stats.gov.cn/tjsj/tjzd/gjtjzd/201701/t20170109_1451402.html。

第三章　温室气体排放核算与报告体系

通过定期编制国家级和省级温室气体清单，开展二氧化碳排放控制目标的年度核算及形势分析，研究制定地方温室气体清单编制指南和重点行业企业温室气体排放核算指南，开展国家重点企业直接报送温室气体排放数据平台及地方在线报送系统建设，初步构建了国家、地方和企业三级温室气体排放核算与报告体系。

一、国家温室气体清单编制及二氧化碳排放核算制度

中国已经初步形成了由国家发展改革委组织开展，国家气候战略中心、清华大学、中国科学院、中国农业科学院、中国林业科学院和中国环境科学研究院等单位为主体的国家温室气体清单编制国家体系，着手开展了 2010 年和 2012 年清单编制相关工作，并通过进一步完善国家温室气体清单数据管理系统，为清单编制常态化和规范化提供技术支撑。

为加强对年度二氧化碳排放核算及碳排放强度下降目标完成情况的监测分析，确保完成"十二五"国家碳排放强度降低 17%这一约束性目标，中国已经初步形成由国家发展改革委牵头组织，国家气候战略中心等单位参加的国家年度能源活动二氧化碳排放及碳强度下降指标的核算工作体系。自 2013 年起，碳强度测算及形势分析工作频率已由年度逐渐提高为半年度和季度，以便更加及时把握二氧化碳排放状况，评估相关政策实施效果，同时对短期内下降趋势和目标完成情况进行预判。

二、地方温室气体清单编制指南及清单编制

2011 年 3 月，国家发展改革委发布了《省级温室气体清单编制指南（试行）的通知》，明确了省级温室气体清单编制的工作流程，主要包括排放源与吸收汇的界定、确定估算方法、收集活动水平和排放因子数据、估算排放量和清除量、核查和验证、评估不确定性及报告清

单结果等。该指南的制定不仅加强了省级清单编制的科学性、规范性和可操作性，也为编制方法科学、数据透明、格式一致、结果可比的省级温室气体清单提供了具体指导。北京市发展改革委也研究制定了北京市区县温室气体清单指南。

通过全方位、多层次地对地方清单编制机构人员进行培训、指导和交流，全国 31 个省（区、市）和新疆生产建设兵团于 2014 年年底完成并向国家发展改革委报告了 2005 年及 2010 年两年的清单。2015 年 1 月，国家发展改革委办公厅又下发了《关于开展下一阶段省级温室气体清单编制工作的通知》，要求各地区开展 2012 年和 2014 年省级温室气体清单编制工作。据不完全统计，目前已有约 150 个城市完成了城市温室气体清单编制工作。各地区还以开展省级人民政府单位地区生产总值二氧化碳排放降低目标责任评估考核为契机，加强对本地区碳排放强度目标的评估及跟踪分析。

三、重点企业温室气体排放核算与报告

国家发展改革委组织开展了化工、钢铁、电力、水泥等重点行业企业温室气体排放核算方法与报告指南研究工作，自 2013 年 10 月分三批陆续发布了 23 个重点行业及 1 个工业其他行业企业温室气体排放核算方法与报告指南（表 5-4），并对全国 31 个省（区、市）及新疆生产建设兵团发改系统及技术支撑单位开展能力建设培训。在此基础上，2015 年 11 月，国家质量监督检验检疫总局和国家标准化管理委员会发布了《工业企业温室气体排放核算和报告通则》等 11 项国家标准。北京、上海、天津、重庆、广东、深圳和湖北 7 个碳排放权交易试点地区，率先编制了纳入本地区交易的重点行业企业温室气体排放核算方法，并完成了纳入交易企业的温室气体排放相关年度报告。

表 5-4 中国已经发布的重点行业企业温室气体排放核算方法与报告指南目录

序号	指南名称	发布时间
1	《中国发电企业温室气体排放核算方法与报告指南（试行）》	2013 年 10 月
2	《中国电网企业温室气体排放核算方法与报告指南（试行）》	2013 年 10 月
3	《中国钢铁生产企业温室气体排放核算方法与报告指南（试行）》	2013 年 10 月
4	《中国化工生产企业温室气体排放核算方法与报告指南（试行）》	2013 年 10 月

序号	指南名称	发布时间
5	《中国电解铝生产企业温室气体排放核算方法与报告指南（试行）》	2013 年 10 月
6	《中国镁冶炼企业温室气体排放核算方法与报告指南（试行）》	2013 年 10 月
7	《中国平板玻璃生产企业温室气体排放核算方法与报告指南（试行）》	2013 年 10 月
8	《中国水泥生产企业温室气体排放核算方法与报告指南（试行）》	2013 年 10 月
9	《中国陶瓷生产企业温室气体排放核算方法与报告指南（试行）》	2013 年 10 月
10	《中国民航企业温室气体排放核算方法与报告格式指南（试行）	2013 年 10 月
11	《中国石油和天然气生产企业温室气体排放核算方法与报告指南（试行）》	2014 年 12 月
12	《中国石油化工企业温室气体排放核算方法与报告指南（试行）》	2014 年 12 月
13	《中国独立焦化企业温室气体排放核算方法与报告指南（试行）》	2014 年 12 月
14	《中国煤炭生产企业温室气体排放核算方法与报告指南（试行）》	2014 年 12 月
15	《造纸和纸制品生产企业温室气体排放核算方法与报告指南（试行）》	2015 年 7 月
16	《其他有色金属冶炼和压延加工业企业温室气体排放核算方法与报告指南（试行）》	2015 年 7 月
17	《电子设备制造企业温室气体排放核算方法与报告指南（试行）》	2015 年 7 月
18	《机械设备制造企业温室气体排放核算方法与报告指南（试行）》	2015 年 7 月
19	《矿山企业温室气体排放核算方法与报告指南（试行）》	2015 年 7 月
20	《食品、烟草及酒、饮料和精制茶企业温室气体排放核算方法与报告指南（试行）》	2015 年 7 月
21	《公共建筑运营单位（企业）温室气体排放核算方法和报告指南（试行）》	2015 年 7 月
22	《陆上交通运输企业温室气体排放核算方法与报告指南（试行）》	2015 年 7 月
23	《氟化工企业温室气体排放核算方法与报告指南（试行）》	2015 年 7 月
24	《工业其他行业企业温室气体排放核算方法与报告指南（试行）》	2015 年 7 月

　　国家发展改革委发布的《关于组织开展重点企（事）业单位温室气体排放报告工作的通知》明确规定,开展重点单位温室气体排放报告的责任主体为 2010 年温室气体排放达到 13 000吨二氧化碳当量，或 2010 年综合能源消费总量达到 5 000 吨标准煤的法人企（事）业单位或视同法人的独立核算单位，并要求应采用国家主管部门统一出台的重点企业温室气体排放核算与报告指南。国家发展改革委还组织开展了重点企业温室气体排放数据直报系统的研究及建设，建立覆盖企业温室气体核算、报告、监测、核查、发布等环节和功能的直报业务系统。

第四章　控制温室气体排放目标责任考核
与评估体系

通过不断完善省级人民政府碳强度目标责任评价考核体系，逐步建立省级温室气体清单质量评估体系，探索建立重点行业企业温室气体排放核查体系，进一步强化了目标导向，形成上下联动、职责分明的压力传导机制，提升了省级和企业层面的排放数据质量。

一、省级人民政府碳强度目标责任评价考核

2013 年，国家发展改革委会同有关部门研究制定了"十二五"单位 GDP 二氧化碳排放降低目标责任考核体系实施方案，围绕目标完成情况、任务与措施落实情况、基础工作与能力建设落实情况及体制机制开创性探索 4 个方面，提出了由 12 项基础指标及 1 项加分指标构成的"十二五"省级人民政府控制温室气体排放目标责任评价考核指标体系（表 5-5）。2014 年，国家发展改革委发布了《单位国内生产总值二氧化碳排放降低目标责任考核评估办法》。依据上述实施方案和考核评估办法，国家发展改革委组织有关部门及专家对全国 31 个省（区、市）人民政府单位地区生产总值二氧化碳排放降低目标责任进行了年度考核评估。2015 年 10 月，国家发展改革委公布了各省（区、市）2014 年度单位地区生产总值二氧化碳排放降低目标责任考核评估结果，北京、河北、江苏等 19 个地区获优秀等级。

表 5-5　省级人民政府单位地区生产总值二氧化碳排放降低目标责任评价考核指标

考核评估内容	考核评估指标	分值	评分依据
一、目标完成 （50 分）	1. 单位地区生产总值二氧化碳排放年度降低目标	25	年度计划目标；核定的各地区年度降低目标完成率
	2. "十二五"单位地区生产总值二氧化碳排放累计进度目标	25	当年应达到的累计进度目标；核定的累计进度目标完成率
二、任务与措施 （24 分）	3. 调整产业结构任务完成情况	4	同期主管部门的考核结果或第三产业增加值比重比上年变化情况
	4. 节能和提高能效任务完成情况	4	同期主管部门的考核结果

考核评估内容	考核评估指标	分值	评分依据
二、任务与措施（24分）	5. 调整能源结构任务完成情况	4	同期主管部门的考核结果或水电、核电、风电和太阳能发电占能源消费总量比重比上年变化情况及煤炭占能源消费总量比重比上年变化情况
	6. 增加森林碳汇任务完成情况	4	同期主管部门的考核结果或年度新增造林合格面积及年度森林抚育合格面积
	7. 低碳试点示范建设情况	8	相关的正式文件材料；实地核查
三、基础工作与能力建设（26分）	8. 对所辖地（市、州）或行业目标分解落实与评价考核情况	4	相关的正式文件材料；实地核查
	9. 温室气体排放统计核算制度建设及清单编制情况	6	相关的正式文件材料；实地核查
	10. 低碳产品标准、标识和认证制度执行情况	4	相关的正式文件材料；实地核查
	11. 资金支持情况	6	相关的正式文件材料；实地核查
	12. 组织领导和公众参与情况	6	相关的正式文件材料；实地核查
四、其他*（6分）	体制机制等开创性探索	6	相关的正式文件材料；实地核查
总计		100	

注：* 此项为参考分数，不计入总分，主要反映地方的工作状况，在总体评价中予以考虑。

二、省级温室气体清单数据质量评估与联审

为了提高省级温室气体清单质量，确保温室气体清单结果的可比性，国家发展改革委组织有关单位编制了一套供各省（区、市）填报的省级温室气体清单通用报告格式（CRF）表格，同时还设计了由42个指标构成的省级温室气体清单数据质量及结果可比性联审指标体系，建立了由国家和地方清单编制机构专家以及第三方专家组成的联审专家组。通过对省级温室气体清单的评估和联审，切实提高了省级清单质量和编制能力。

三、重点企业温室气体排放核查与自愿减排项目核证

国家发展改革委下发的《关于组织开展重点企（事）业单位温室气体排放报告工作的通知》明确要求，省级主管部门组织对企（事）业单位温室气体报告内容进行评估和核查，核查

可采用抽查等各种形式，包括组织第三方机构对重点单位报告的数据信息进行核查。2014 年 12 月，国家发展改革委发布的《碳排放权交易管理暂行办法》进一步明确国务院碳交易主管部门会同有关部门，对核查机构进行管理，核查机构应按照国务院碳交易主管部门公布的核查指南开展碳排放核查工作。碳排放权交易试点地区也都制定了相应的核查指南或管理办法。

为保证自愿减排项目的审定与核证工作，2012 年 10 月，国家发展改革委发布了《温室气体自愿减排项目审定与核证指南》，明确了温室气体自愿减排项目审定与核证机构的备案要求、工作程序和报告格式。截至 2015 年年底，中国共有 141 个项目的减排量获得备案签发，备案减排量超过 3 750 万吨二氧化碳当量。

第六部分

其他信息

　　《中华人民共和国国民经济和社会发展第十二个五年规划纲要》明确提出要坚持减缓和适应气候变化并重，加强气候变化科学研究、观测和影响评估，加强气候变化领域国际交流与政策对话，提高应对气候变化能力。《国家应对气候变化规划（2014—2020 年）》进一步提出了强化科技支撑，加强教育培训和舆论引导，加强与国际组织、发达国家合作，大力开展南南合作等重要任务。

第一章　气候系统观测

一、大气观测

中国已初步建立了地基、空基和天基相结合，布局基本合理的综合气候观测系统，拥有 2 000 多个国家级地面气象观测站。"十二五"期间，新建 4 000 多个区域级自动气象站，乡镇覆盖率达 96%，实现了极轨和静止两个系列气象卫星的业务化运行，在 16 个气候关键区中选择了 18 个具有典型地表特征的区域开展了基本气候变量和辅助变量的观测，拓展和完善了包括全球和区域的大气本底站、大气成分观测站、沙尘暴站、酸雨观测站及环境气象观测站在内的大气成分观测网络（表 6-1）。其中，青海瓦里关、北京上甸子、浙江临安、黑龙江龙凤山、云南香格里拉 5 个大气本底站实现了主要温室气体 [二氧化碳（CO_2）、甲烷（CH_4）、氧化亚氮（N_2O）、六氟化硫（SF_6）等] 浓度的在线观测，另外，北京上甸子大气本底站还实现了卤代烃温室气体（HFCs、PFCs 等）浓度的在线观测。开展的主要温室气体的瓶（罐）采样与分析和在线观测覆盖了青藏高原主体地区、京津冀经济圈、长江三角州经济圈、东北平原、云贵高原及西南经济区、北疆经济区和长江中游两湖平原区 7 个关键区。2011 年开始每年发布《中国气候变化监测公报》，2012 年开始每年发布《中国温室气体公报》。

表 6-1　"十二五"期间主要的综合气象观测设施发展　　　　单位：个

序号	站点（设施）	数量		变化量
		2010 年	2015 年	
1	国家级地面基准气象观测站	143	212	69
2	国家级无人自动气象站	346	463	117
3	区域自动气象站	30 347	55 680	25 333
4	新一代天气雷达	130	181	51
5	农业气象观测站	653	653	0
6	自动土壤水分观测站	1 210	2 075	865

序号	站点（设施）		数量		变化量
			2010 年	2015 年	
7	风能观测站		400	345	−55
8	太阳辐射观测站		100	100	0
9	大气本底观测站		7	7	0
10	沙尘暴观测站		29	29	0
11	风廓线雷达		24	69	45
12	GNSS/MET 观测站（含陆态网）		433	950	517
13	气象卫星	风云二号	3	4	1
14		风云三号	2	3	1

二、海洋和生态观测

"十二五"期间，中国海洋观测能力进一步提升。截至 2015 年，海洋观测站（点）数量达到 124 个，较"十一五"末增长 17%；各类浮标达到 57 个，较"十一五"末增长 63%（表6-2）。每年发布《海平面变化公报》，全面介绍我国海平面上升及对沿海地区的影响情况。2012年，组织编制了《海平面上升影响评估专题报告》，对 2020 年、2050 年和 2100 年中国海平面上升状况及影响进行了预测评估和风险评估。逐步建立了近海海-气界面二氧化碳交换通量监测业务，已布设 20 余条船基走航监测断面，正在建设 6 个岸/岛基站和 5 个浮标站。不断加强海岛海岸带和海洋生态的修复，设置了 21 个海洋生态监控区，开展了气候变化海洋生态敏感区试点监测工作。组织实施了 5 次南极科学考察、2 次北冰洋综合科学考察，2015 年组织开展了 34 航次大洋调查，积累了大量认知极地和全球气候变化的基础数据。

表 6-2   "十二五"期间主要的海洋观测设施发展   单位：个

序号	站点（设施）	数量		变化量
		2010 年	2015 年	
1	海洋观测站（点）	102	124	22
2	各类浮标	35	57	22
3	海上油气平台观测系统	4	6	2
4	雷达观测站	38	38	0
5	移动应急观测平台	11	13	2
6	GPS 观测站	56	56	0

三、差距与发展前景

为深入认识气候变化规律，开展气候变化研究和应用服务，中国加强了对观测资料的收集、整编、质量控制和数据共享。但是，在对气候系统综合观测的系统化、业务化、规范化和标准化等方面仍需要进一步完善和提高：一是各部门围绕气候变化观测的标准不统一、观测要素不齐全、观测精度不够、观测布局不够合理、海洋气候观测及次地表廓线观测能力薄弱；二是对研究和认识气候变化特别重要的多圈层相互作用的各变量的观测尚不全面，在不少受气候变化影响的关键地区以及典型地表特征及人类活动地区还缺少相互作用过程的观测；三是没有形成较为完善的气候系统多圈层科学数据共享体系和机制。此外，观测资料的质量控制以及多源观测资料的融合、综合应用能力有待加强。

中国未来将进一步加强国家气候系统观测的规划和建设，完善与优化现有气候系统各组成部分的观测网络布局，加强气候系统敏感区、典型区、关键区和空白地区的基本气候变量观测，提高基本气候变量的观测技术与观测准确率，观测精度达到全球气候观测系统标准。同时，积极参加地球系统观测和预测协调研究计划、世界气象组织综合全球观测系统设计、全球大气和海洋观测计划等各类国际计划和活动。加强多部门观测数据信息的统筹管理和高效利用，建立以部门联合中心为核心，覆盖面广泛的部门与应用单位群体的气候变化信息共享与服务体系。

第二章　气候变化研究进展

一、气候变化基础科学研究

"十二五"时期，重点围绕气候变化观测与历史重建、全球气候变化的规律与机理、气候变化综合观测数据分析、地球系统模式研发、气候变化地质记录等方向开展的研究工作取得了一系列研究成果；在气候变化的影响与适应方面，重点围绕水资源、农业、林业、海洋、人体健康、生态系统、重大工程、防灾减灾等领域着力提升气候变化影响的机理与评估方法研究水平，增强适应理论与技术研发能力，推动气候变化领域的科技进步和创新。在应对气候变化战略与政策研究方面，重点研究与应对气候变化相适应的国际贸易战略与政策，研究建立中国碳排放权交易市场的技术支撑体系、制定气候变化适应战略措施与行动计划、提出中国应对气候变化的重大前沿科技发展战略等。

中国开展的具有中国特色又兼具全球意义的气候变化基础科学研究取得了一批国际公认的研究成果，"十二五"以来相继发布了《第二次气候变化国家评估报告》《第三次气候变化国家评估报告》《中国极端天气气候事件和灾害风险管理与适应国家评估报告》等科学评估报告，在近百年来中国区域气候变化事实、未来气候变化预估、气候变化对自然生态系统和社会经济系统的影响和风险、气候变化背景下极端天气气候事件变化规律及其应对措施、温室气体排放及其减排潜力、技术进步对节能减碳的作用、中国参与国际气候治理等方面获得重要科学发现。中国科学家发表的学术论文在国际科学界的影响不断加大，研究成果被IPCC第五次评估报告大量引用，论文涉及的方向在大气观测和区域气候变化及影响、古气候、云和气溶胶、气候模式、淡水资源、粮食系统和粮食安全、减缓气候变化的路径等领域都占了相当大的比例。

《第三次气候变化国家评估报告》表明，近百年来（1909—2011年）中国陆地区域平均增温0.9～1.5℃，沿海海平面1980—2012年上升速率为2.9毫米/年，高于全球平均速率。20世纪70年代至21世纪初，冰川面积退缩约10.1%，冻土面积减少约18.6%。未来极端事件增加，暴雨、强风暴潮、大范围干旱等发生的频次和强度增加，洪涝灾害的强度呈上升趋势，海平面将继续上升。气候变化对中国影响利弊共存，但总体弊大于利，对粮食产量与品质、水资源、海洋环境与生态、城市等为不利影响。中国自然灾害风险等级处于全球较高水平，对气候变化敏感度高，气候变化不利影响呈现向经济社会系统深入的显著趋势。

二、应对气候变化低碳技术研发

中国加快了节能减排共性和关键技术研发，涉及高参数超超临界发电技术，整体煤气化联合循环技术，非常规天然气资源的勘探与开发技术，大规模可再生能源发电，储能和并网技术，新能源汽车技术及低碳替代燃料技术，城市能源供应侧和终端侧的节能减排技术，建筑节能技术，钢铁、冶金、化工和建材生产过程中节能与余能余热规模利用技术，农林牧业及湿地固碳增汇技术以及碳捕获利用及封存技术等。为促进和加强低碳技术成果的转化与推广，优先在电力、石化、水泥、钢铁、有色金属、交通、农林业等主要温室气体排放行业建立工程示范，并推广效果良好的技术。

通过推动应对气候变化低碳技术研发，中国提高了减缓领域核心技术和关键技术水平，在能源清洁高效利用技术、重点行业（工业、建筑、交通）节能技术与装备开发以及低碳经济产业发展模式和关键技术集成应用等方面取得了一批具有自主知识产权的发明专利和重要成果。经济适用的低碳建材、低碳交通、绿色照明、煤炭清洁高效利用等低碳技术已得到广泛应用；高性价比太阳能光伏电池技术、太阳能建筑一体化技术、大功率风能发电技术、天然气分布式能源技术、地热发电技术、海洋能发电技术、智能及绿色电网技术、新能源汽车和储电技术以及具有自主知识产权的碳捕集、利用和封存等新技术正在推广；组建了一批国家级节能减排工程实验室，推动建立节能减排技术与装备产业联盟。

中国的气候变化科学研究虽然取得了较快的发展，但与国际上先进水平相比，尚有一定的差距。一是基础研究滞后，综合性研究欠缺，对气候系统变化机制的理解还不够深入；二是模型工具与研究方法有待创新，缺乏气候变化综合评估模型；三是在减缓和适应气候变化的核心技术方面仍需进一步加强。未来中国将在气候变化的科学基础、影响与适应、减缓和社会经济可持续发展等方面进一步开展研究。

第三章　气候变化适应

2011 年公布的《中华人民共和国国民经济和社会发展第十二个五年规划纲要》中明确要求加强适应气候变化特别是应对极端气候事件的能力建设，加快适应技术研发推广，提高农业、林业、水资源等重点领域适应气候变化水平。在农业、林业、海洋、气象、防灾减灾、卫生健康等领域也都相继出台了与适应气候变化直接或间接相关的规划和政策。

2013 年，国家发展改革委、财政部、住房和城乡建设部、交通运输部、水利部、农业部、国家林业局、国家气象局、国家海洋局联合制定了《国家适应气候变化战略》，强调在提高适应气候变化能力方面，重视应对极端气候事件能力建设，提高农业、林业、水资源、卫生健康等重点领域和沿海、生态脆弱地区适应气候变化水平；研究制定农林业适应气候变化政策措施，保障粮食安全和生态安全；合理开发和优化配置水资源，强化各项节水政策和措施；加强海洋和海岸生态系统监测和保护，提高沿海地区抵御海洋灾害能力；完善应对极端气象灾害的应急预案、启动机制以及多灾种早期预警机制。同时，确定了上海城市基础设施极端天气气候事件防御、吉林粮食主产区黑土地保护治理、江西鄱阳湖水资源保护、海南生态修复与海洋灾害应急等 14 项适应试点示范工程。

在城市领域，2016 年国家发展改革委、住房和城乡建设部联合发布了《城市适应气候变化行动方案》，指导城市从规划、基础设施、建筑、水系统、城市绿化、灾害风险管理等方面开展工作，加强城市适应气候变化能力；2017 年印发了《气候适应型城市建设试点工作方案》，组织开展气候适应型城市建设试点，计划选择 30 个左右典型城市，针对城市面临的突出问题，开展前瞻性和创新性探索，强化城市气候敏感脆弱领域、区域和人群的适应行动，提高城市适应气候变化能力。计划到 2020 年，试点城市普遍实现将适应气候变化纳入城市社会经济和产业发展规划体系、建设标准和产业发展规划，适应气候变化理念知识广泛普及，适应气候变化治理水平显著提高。

在农业领域，加快促进农业生产方式转变和现代化建设，推进保护性耕作，截至 2014 年年底，全国保护性耕作面积达 1.29 亿亩，减少农田风蚀 6 450 万吨；开展农田基本建设，加强土壤培肥改良，大力推广节水灌溉、旱作农业、抗旱保墒、测土配方施肥和绿色防控等技术，继续推进东北节水增粮、西北节水增效、华北节水压采、西南"五小水利"工程以及南方地区节水减排工程建设。

在水资源领域，推进水生态文明建设，继续落实最严格水资源管理制度，加强河湖管理与水资源保护，加强重大水利工程建设，加快推进水土流失综合治理，截至2014年年底，全国共完成水土流失综合防治7.4万千米^2。加强防洪减灾体系建设，进一步强化中小河流治理和山洪灾害防治，加快推进应对极端暴雨事件造成洪涝灾害的能力建设。全面实施《全国抗旱规划》，系统提升应对极端干旱事件的能力。

在林业和其他生态系统领域，强化战略引导，加强森林综合治理，加强林业自然保护区建设和湿地保护。2014年国家林业局编制了《林业适应气候变化行动方案（2016—2020年）》，明确了到2020年林业领域适应气候变化的目标措施。在生态和环境气象服务方面，组织了重点区域、特色产业气候变化影响评估。开展了青藏高原、东北地区、海南等典型区域气候变化对生物多样性的影响评估。加强草原生态保护建设，建立草原生态保护补助奖励机制，实施草原生态建设工程，推行草原管护基本制度，2014年集中治理严重退化和生态脆弱草原445万公顷。强化湿地生态系统保护恢复，完成了第二次全国湿地资源调查，实施了全国湿地保护工程，全国新增湿地保护面积600万亩，恢复湿地面积30万亩。截至2015年年底，全国新指定国际重要湿地12处，新建国家湿地公园561处，恢复退化湿地240万亩，湿地碳汇功能逐步提升。加强荒漠化生态系统保护，完成了第五次荒漠化和沙化土地监测，启动了沙化土地封禁保护区补贴和国家沙漠公园建设试点，治理沙化土地1.5亿亩，土地沙化呈现整体遏制、重点治理区生态状况明显改善的趋势。

在海岸带及相关海域，加强了海洋灾害观测预警和应急管理，开展海平面变化监测，开展了面向沿海重点保障目标的精细化预报，不断完善海洋灾害风险评估；严格审查用海项目，限制占用重要海洋生态空间；加强海洋生态系统保护，截至2014年，我国共建立各级、各类海洋保护区260处，总面积10多万千米^2，约占我国管辖海域总面积的3.3%；积极推动海洋减灾综合示范区建设、海岛地区防灾减灾和应对气候变化基础设施建设，有效改善了海岛防灾减灾基础设施，提高了海岛应对气候变化的能力。

在极端天气气候事件和灾害预测预警方面，进一步完善了国家、省、市、县四级气象灾害风险预警业务体系建设，编制了《国家突发事件预警信息发布系统运行管理办法（试行）释义》。逐步开展了面向适应的气候灾害风险评估与管理机制研究，探索制定中国主要气候灾害的风险评估与管理技术方法、评估流程与技术规范等。编制了《中国灾害性天气气候气象灾害图集》（1961—2013 年），逐步开展了县级的暴雨洪涝灾害和风险普查，开展了主要灾害（台风、暴雨、干旱）的风险评估和风险区划，完成了流域和区域的气候变化综合影响评估报告，提出了适应气候变化的相关政策措施。

在人体健康领域，开展了与气候变化密切相关的疾病防控工作，加强了适应气候变化及气候变化相关的健康问题研究，开展了"适应气候变化 保护人类健康"项目。根据不同的城市气候风险、城市规模、城市功能，在全国选择了 30 个典型城市开展气候适应型城市建设试点，针对城市在气候变化条件下的突出问题，进行前瞻创新性探索。强化城市气候敏感脆弱领域、区域和人群的适应行动，加强城市适应气候变化能力，总结和推广相关领域和区域的适应气候变化经验做法，开展城市气候变化脆弱性评估、编制各自城市适应气候变化行动方案、建立完善适应气候变化管理体系等工作。

第四章 教育、宣传与公众意识

中国积极宣传应对气候变化科学知识，提高公众应对气候变化和低碳发展意识，注重发挥民间组织、媒体等各方面的积极性，采取多渠道、多举措引导全民积极参与应对气候变化行动。形成了政府强化引导、社会组织带动、公众广泛参与的局面，从中央到地方乃至社会团体都大力开展了应对气候变化的宣传教育活动，取得了显著成效。

一、教育与宣传

中国政府制定和完善了一系列宣传和普及应对气候变化相关知识、提高全社会应对气候变化能力和水平的政策措施。中国政府每年出版《中国应对气候变化的政策与行动》年度报告，并在每年年底的《公约》缔约方大会上组织"中国角"活动，全面介绍中国在应对气候变化领域的政策、行动与进展。各部门和各地方政府也都开展了一系列应对气候变化的教育宣传和具有地方特色的科学普及活动。2012年9月，中国国务院批复同意自2013年起将每年"全国节能宣传周"的第三天设立为"全国低碳日"，自2013年以来，每年组织举办"全国低碳日"宣传活动，分别围绕"践行节能低碳，建设美丽家园""携手节能低碳，共建碧水蓝天"等主题，开展了主题口号、招贴画大赛、专家讲座等活动，增强全社会低碳意识。同时，通过"防灾减灾日""气象日""世界环境日""世界地球日""全国节能宣传周"等，开展形式多样的主题宣传教育活动，加强应对气候变化和低碳发展的教育与宣传；有关部门和地方各级政府通过举办低碳知识科普大赛、主题展览、低碳案例征集、宣传低碳典型等活动，向全社会倡导低碳消费模式和生产方式，宣传地方低碳政策与行动（图6-1）。2013年6月，联合国秘书长潘基文参观了"全国低碳日"气候变化主题展览并给予了高度评价。2014年，在天津达沃斯论坛、生态文明贵阳国际论坛中均设立了气候变化分论坛，围绕生态文明、绿色低碳发展开展主题活动。《气候变化研究进展》是国内全面反映全球变化最新的观测事实、科学认识、应对全球气候变化的适应、减缓措施和技术成果、国际气候制度与气候外交谈判信息的核心学术刊物，其英文版入选 2015—2016 年度 CSCD 收录来源期刊。

图 6-1   "全国低碳日"宣传活动

二、教育与培训

　　针对各级党政领导、科研人员、高等院校师生、企业和社会组织、社区群众等不同类别的公众举办应对气候变化国内外形势讲座、研讨与培训，增强公众应对气候变化的意识。国家和各省（区、市）发展改革委系统、科技部以及相关部委每年举办应对气候变化和低碳发展干部培训，培训人数达上万人。开展了碳市场企业专业培训，培训了一批熟悉碳市场政策法规，熟练操作报送、登记和交易系统的专业人才。通过举办"千名青年环境友好使者行动"培训活动，向 1 200 多名青年环境友好使者讲授气候变化科学知识。依托国家环境宣传教育示范基地，通过时光穿梭机电子互动展项等积极开展面向公众尤其是青少年的气候变化教育。开展了"中国公众补天行动——含氢氯氟烃（HCFCs）淘汰社区宣传活动"，向 500 多名社区居民及环保志愿者讲授了控制 HCFCs、保护臭氧层和应对气候变化的知识。举办了多次 IPCC第五次评估报告宣讲会，围绕《管理极端事件和灾害风险推进气候变化适应特别报告》、三个工作组[①]报告和综合报告的主要内容普及气候变化科学、适应、低碳发展和极端气候事件风险管理的理念和政策措施（图 6-2）。多部门联合举办的年度"气候系统与气候变化国际讲习班"

---

① 编写报告的作者分为三个工作组。第一工作组：物理学基础；第二工作组：影响、适应和脆弱性；第三工作组：减缓气候变化。

吸引了上千名中国及其他发展中国家的年轻学者参加。

图 6-2　IPCC 第五次评估报告解读宣传册

三、媒体宣传

中国各传媒集团和各级媒体配合政府不断加大应对气候变化与节能低碳宣传报道力度，制作相关电视片及宣传画册，在电视台、公交移动电视、户外大屏幕和主流网站循环播放，并在各大国际会议和公众活动中播放和传播，起到了很好的宣传教育作用。每年 11 月，国务院新闻办公室召开"中国应对气候变化的政策与行动"发布会，由主管部门领导介绍中国政府应对气候变化有关情况，并阐述国际谈判基本立场。中央电视台等媒体制作完成了《面对气候变化》《变暖的地球》《关注气候变化》《环球同此凉热》等纪录片，其中《变暖的地球》获第 28 届中国电影金鸡奖"最佳科教片"奖，受众达上亿人。2014 年以来，新华社、人民日报、中央电视台、中国国际广播电台、中国日报、中国新闻社等多家新闻媒体对联合国气候峰会、中美气候变化联合声明、利马气候大会、中国提交国家自主贡献文件等应对气候变化领域的重大事件给予了高度关注，并充分利用图片、文字、视频等多种形式进行了全方位报道。中国气候变化信息网作为传播国际和中国应对气候变化信息的政府网站，2012 年通过网站改版，加强了网站能力建设，更好地面向国内外开展气候变化宣传。

四、公众参与

中国民间组织和社会公众也积极参与应对气候变化及相关活动，以实际行动积极应对气候变化。2011 年，国家发展改革委就应对气候变化立法工作公开征求意见。中国公众广泛参与自备购物袋、双面使用纸张、控制空调温度、不使用一次性筷子、购买节能产品、低碳出行、低碳饮食、低碳居住等节能低碳活动，从衣、食、住、行、用等细微之处，实践低碳生活消费方式。中国各地的大学、中学、小学积极宣传低碳生活、保护环境，一些高校提出建设"绿色大学"等目标，得到广泛响应。各地公众积极参与"地球一小时"活动，呼吁每个人采取积极行动应对气候变化，共同表达保护全球气候的意愿（图 6-3）。此外，依托微信、微博等网络平台，公众通过微信公众号以及微博话题讨论的方式，了解应对气候变化知识，践行低碳发展理念。社会各界公众通过参加多种形式的气候变化教育培训等活动，增进了对应对气候变化、践行低碳发展以及节能减排的认识，提升了积极参与应对气候变化的自觉性。

（a）国家体育场（鸟巢）—北京　　　　　　（b）东方明珠广播电视塔—上海

图 6-3　"地球一小时"活动

第五章　国际交流与合作

中国高度重视应对气候变化国际交流与合作，通过国际合作加强对气候变化科学问题的认识，增强应对气候变化技术的研发储备和应用能力，培育和推动低碳产业发展，逐步实现低碳经济转型。中国本着"互利共赢，务实有效"的原则积极参加和推动与各国政府、国际组织、国际机构的务实合作，签署了一系列合作协议，实施了一批研究项目，内容涉及气候变化的科学问题、减缓和适应、气候智慧/低碳城市、应对政策和措施等领域。

一、开展高层对话与双边合作

"十二五"期间，中国利用高层互访以及气候变化工作组建立的契机，分别与美国、欧盟、法国、英国等发表气候变化联合声明，增进各国理解，扩大共识，为推动气候变化谈判多边进程，特别是《巴黎协定》的达成作出了重要贡献。加强气候变化双边交流与对话，与美国、欧盟、澳大利亚、新西兰、英国、德国等开展部长级和工作层的气候变化对话磋商，与巴西、南非和印度每年举办基础四国气候变化部长级会议，发表联合声明，并建立了专家交流机制。借助国家气候变化专家委员会平台，推动中美、中欧、中英、中法、中印等专家层面的对话交流。深化与发达国家在气候变化领域的双边合作，推进技术、研究、节能以及替代能源和可再生能源等领域合作。中美两国于2013年成立气候变化工作组，成为中美增进理解和应对气候变化的全面框架，工作组内容不断拓展，迄今为止已在载重汽车和其他汽车减排，电力系统，碳捕集、利用和封存，建筑和工业能效，温室气体数据收集和管理，气候变化和森林，气候智慧型/低碳城市，温室气体测量，工业锅炉效率和燃料转换，绿色港口和船舶等领域开展务实合作，并召开中美气候智慧型/低碳城市峰会，围绕城市绿色低碳发展、低碳城市规划、碳市场、低碳交通、低碳建筑、低碳能源和适应气候变化开展交流。中欧开展了碳交易能力建设项目合作。中德两国签署《关于应对气候变化合作的谅解备忘录》，建立电动汽车战略伙伴关系，并开展太阳能、风能等新能源领域以及建筑能效和低碳生态城市等领域的合作。中日两国加强节能环保科技合作，开展低碳发展能力建设合作。中澳两国开展二氧化碳地质封存合作。中欧、中英、中意开展碳捕获封存示范项目合作，深化能源和能效领域的合作。中国还与澳大利亚、新西兰、瑞典、瑞士等国家签署了双边气候变化谅解备忘录，启动与瑞士合作的中国适应气候变化二期项目，与韩国就气候变化协定达成一致，推动双边合作迈上新台阶。

二、与国际组织合作

中国广泛开展与国际组织的务实合作。与联合国环境规划署签署在应对气候变化南南合作方面加强合作的谅解备忘录；与世界银行开展"市场伙伴准备基金"项目合作，共同启动全球环境基金"通过国际合作促进中国清洁绿色低碳城市发展"项目，稳步执行由世界银行担任项目指定机构的全球环境基金的"增强对脆弱发展中国家气候适应力的能力、知识和技术支持"项目及"中国应对气候变化技术需求评估"赠款项目；与亚洲开发银行签署双边气候变化合作谅解备忘录，共同组织召开"城市适应气候变化国际研讨会"，开展由其支持的"碳捕集和封存路线图"技术援助项目；积极参与《公约》资金机制运营实体绿色气候基金、全球环境基金、适应基金、技术执行委员会等相关会议，参与全球甲烷行动倡议、R20 国际区域气候行动组织等多边组织的活动；参加由联合国基金会、全球清洁炉灶联盟秘书处召开的"全球清洁炉灶联盟"相关会议并开展国内试点活动；与全球碳捕集和封存研究院等相关组织举办碳捕集、利用和封存技术现场研讨会和实地考察活动；与国际能源署建立联盟关系，在能源安全、能源数据和统计、能源政策分析等领域加强合作。积极参加政府间气候变化专门委员会有关工作，多层面开展第五次评估报告的成果解读工作，并在第六次评估报告主席团成员的提名和竞选工作中发挥了积极作用。

中国还积极参与全球环境变化的国际科技合作，如地球科学系统联盟（ESSP）框架下的世界气候研究计划（WCRP）、国际地圈-生物圈计划（IGBP）、国际全球变化人文因素计划（IHDP）和生物多样性计划（DIVERSITAS）等国际科研计划，以及全球对地观测政府间协调组织（GEO）、全球气候系统观测计划（GCOS）、未来地球计划等，开展了具有中国特色又兼具全球意义的全球变化基础研究。中国与其他各国全方位、多层次的合作推动了国际气候变化的政治共识、科学进步和技术应用。

第六章　南南合作

2011—2015 年，中国政府与亚洲、非洲、拉丁美洲、南太平洋等地区近 100 个发展中国家，在紧急救灾、卫星气象监测、清洁能源开发利用、农业抗旱技术、森林和野生动物保护、水资源利用和管理、沙漠化防治等领域开展了形式多样的合作，实施了近 500 个成套、物资、技术合作、紧急救灾等各类应对气候变化项目。中国与南非、印度、巴西、韩国等国家签署了有关气候变化的联合声明、谅解备忘录和合作协议，建立气候变化合作机制，加强在气象卫星监测、新能源开发利用等领域的合作，为发展中国家援建数百个清洁能源和环保项目。2014 年，与赞比亚、加纳分别签订了中赞、中加可再生能源技术转移项目，旨在支持非洲可再生能源技术的能力和推广应用。与非洲加强科技合作，实施了 100 个中非联合科技研究示范项目，援建农业示范中心，派遣农业技术专家，培训农业技术人员，提高非洲实现粮食安全能力。向南太平洋、加勒比等地区小岛屿国家提供支持与帮助，先后为太平洋岛屿国家援建 130 多个项目，提高其减缓和适应气候变化的能力。发布了《南南科技合作应对气候变化适用技术手册》，支持 13 个面向发展中国家与应对气候变化直接相关的国际培训班，涉及生物质、太阳能、沼气、荒漠化防治、节水高效农业开发等领域。积极实施了一批援外项目，重点支持可再生能源利用与海洋灾害预警研究及能力建设、LED 照明产品开发推广应用、秸秆综合利用技术示范等项目，帮助发展中国家提高应对气候变化的适应能力。2011—2012 年，中国政府发放的《国际科技合作应对气候变化实现可持续发展平台网络》《中国-联合国-非洲水资源科技合作行动》《中非科技伙伴计划》等各类宣传资料，受到了广大发展中国家的广泛欢迎。

2012 年，中国在"里约+20"会议上宣布将安排 2 亿元人民币开展为期三年的应对气候变化南南合作，与 41 个发展中国家建立了联系渠道。自 2014 年以来，中国积极推动与马尔代夫、玻利维亚、汤加、萨摩亚、斐济、安提瓜和巴布达、加纳、巴巴多斯、缅甸、巴基斯坦签署谅解备忘录，并根据发展中国家需求扩大赠送产品种类。2014 年，中国宣布将大力推进应对气候变化南南合作，从 2015 年开始在现有基础上把每年的资金支持翻一番，建立气候变化南南合作基金。中国已经提供 600 万美元资金支持联合国秘书长推动应对气候变化南南合作。本着"平等互信、包容互鉴、合作共赢"的精神，中国与 24 个发展中国家签署了《关于应对气候变化物资赠送的谅解备忘录》，向发展中国家赠送节能灯、节能空调、太阳能路灯、太阳能光伏发电系统等绿色低碳产品。

"十二五"期间，中国举办了 300 多期应对气候变化与绿色低碳发展研修班，为发展中国家培训了 5 000 多名应对气候变化领域的官员、专家学者和技术人员。组织气候变化框架下毁林与土地退化监测和评估南南合作、气候变化与极端天气气候事件、多灾种早期预警、气候服务系统、海洋灾害监测与预警等技术培训，累计培训 1 000 余人。2015 年 11 月，习近平主席在气候变化巴黎大会上宣布设立 200 亿元人民币的中国气候变化南南合作基金，并宣布于 2016 年启动"十百千"项目，即在发展中国家开展 10 个低碳示范区、100 个减缓和适应气候变化项目及 1 000 个应对气候变化培训名额合作项目的新举措，并继续推进清洁能源、防灾减灾、生态保护、气候适应型农业、低碳智慧型城市建设等领域的国际合作。通过制定完善"十百千"项目实施方案，以项目活动为支撑，为最不发达国家、小岛屿国家和其他非洲国家等应对气候变化提供资金、技术和能力建设支持，目前中国已制定项目实施方案并已陆续启动实施。

第七部分

香港特别行政区应对
气候变化基本信息

香港是中华人民共和国成立的特别行政区，是一个气候温和、资源短缺、人口密度较高、服务业高度发展、充满活力的城市，也是举世知名的国际金融、贸易和航运中心。2010 年以来，香港特别行政区政府在应对气候变化方面采取了一系列的政策与行动，并取得积极成效。

第一章　基本区情

一、自然条件与资源

香港特别行政区（以下简称香港）位于中国南部，北邻广东省深圳市，三面环海。陆地面积 1 105 千米^2，主要分为港岛、九龙、新界及离岛，地势多山，作为市民生活和工作的土地面积少于 300 千米^2，有超过 500 千米^2 的土地已划为"受保护地区"，其中包括郊野公园、特别地区与保育有关地带。香港位于亚热带，气候温和，年平均气温为 23.3℃（平均最高为 25.6℃，平均最低为 21.4℃），年平均降水量约 2 400 毫米。常见的极端天气包括热带气旋、强季风、季风槽及强对流天气等。亚热带常绿阔叶林是香港的主要植被，海洋环境适合热带和温带动植物生长，鱼类、甲壳类等海洋生物物种丰富，但淡水资源较为匮乏，主要依靠广东省东江供应。

二、人口与社会

2014 年香港人口约为 724.2 万人，2010—2014 年人口平均年增长率为 0.8%。2014 年香港劳动人口约有 388 万人，其中男性占 51.3%，女性占 48.7%。2014 年香港就读于公立和资助小学的儿童约有 28 万人，就读于公立和资助中学的学生约有 35 万人。2014—2015 财政年度，香港教育方面的总开支达 737 亿港元，占香港政府开支总额的 18.6%。

三、经济发展

香港是高度城市化的经济体。2014 年香港本地生产总值（GDP）约为 2.26 万亿港元，人均约 311 835 港元（以当年价格计算）。香港经济以第三产业为主，2014 年第三产业比重为

92.7%，2014 年对外贸易中商品贸易总额达 7.89 万亿港元，进口贸易总值为 4.22 万亿港元，而转口贸易总值为 3.62 万亿港元。2014 年第一产业产值占香港 GDP 比重较低，第一产业从业人数占总就业人数的比重也较低。

香港是国际金融中心。2014 年年底有 1 752 家公司在香港联合交易所有限公司（以下简称香港联交所）上市，总市值约为 25.07 万亿港元。香港也是全球贸易、航运、金融和电信中心，客货运量居世界前列。香港的直接投资负债总额和直接投资资产总额巨大，截至 2014 年年底的市值分别为 12.7 万亿港元和 12.4 万亿港元，相当于 2014 年香港 GDP 的 5.63 倍和 5.47 倍。

香港本地基本没有一次能源生产。2014 年香港能源消费为 2 055.86 万吨标准煤，其中煤和油产品分别为 1 165.46 万吨标准煤及 778.90 万吨标准煤。香港的电力以本地火电为主，广东核电是重要补充。2014 年香港的煤电、气电和核电分别占当年用电量的 59%、19% 和 22%。

2014 年香港公交系统平均每天载客 1 251 万人次，占载客总数的 90%，其中轨道交通载客达 526 万人次。2014 年香港共有登记机动车辆约 77 万辆，其中私家车约 54 万辆。

旅游业是香港主要经济支柱之一。2014 年访港游客 6 084 万人次，其中内地游客 4 725 万人次。

香港农业和渔业的规模较小，2014 年香港农业和渔业增加价值为 14 亿港元，农业和渔业的从业人员总共约有 1.7 万人。鲜鱼是香港最主要的原产品之一，2014 年捕捞量和养殖量合计约为 16.4 万吨，总价值约为 27 亿港元。

2012 年和 2014 年香港基本情况的统计数据见表 7-1。

表 7-1　2012 年和 2014 年香港基本情况

指标	2012 年	2014 年
人口（年中人口数）/万人	715.5	724.2
面积/km²	1 104	1 105
以当时市价计算的本地生产总值/亿港元	20 370.59	22 582.15
以当时市价计算的人均本地生产总值（以年中人口计算）/港元	284 720	311 835
工业占本地生产总值的百分比/% [1]	6.9	7.2
服务业占本地生产总值的百分比/%	93.0	92.7

指标		2012 年	2014 年
农业及渔业占本地生产总值的百分比/%		0.1	0.1
用于农业目的的土地面积/km²²		51	51
大牲畜总数/头（匹、只）		74 172	73 507
牛/头		1 730	1 616
马/匹		2 012	2 030
猪/头		70 109	69 511
羊/只		321	350
有林地面积/km²		738	738
预期寿命/岁	男	80.7	81.2
	女	86.4	86.9

注：1. 工业包括采矿及采石、制造、电力、燃气和自来水供应及废弃物管理和建筑等行业。
　　2. 采用的是耕地面积。

四、应对气候变化相关的机构安排

香港特别行政区政府一直致力于推动应对气候变化工作。为有效管理和统筹应对气候变化工作，特别行政区政府于 2007 年成立了气候变化跨部门工作小组（以下简称工作小组），工作小组通过与各相关政策局、部门和其他团体紧密合作，统筹协调当前及未来的工作及活动，以履行《公约》的相关规定。在制定和推行控制温室气体排放及适应气候变化的措施方面，工作小组负责监察及协调相关政策局和部门的工作，并密切关注国际气候变化的最新发展，根据情况建议适当的行动。此外，工作小组还会制定和协调其他活动，以加强公众对气候变化及其影响的了解。

工作小组由香港环境局带领香港政府各相关政策局和部门开展应对气候变化的相关工作，主要政策局和部门包括发展局、财政司司长办公室经济分析及方便营商处、教育局、食物及卫生局、运输及房屋局、保安局、渔农自然护理署、建筑署、屋宇署、土木工程拓展署、渠务署、机电工程署、环境保护署、食物环境卫生署、卫生署、民政事务总署、香港天文台、房屋署、康乐及文化事务署、规划署、运输署及水务署共 6 个政策局及 16 个部门。其中，环境局/环境保护署负责统筹、编制国家信息通报及两年更新报告中香港特别行政区应对气候变化的基本信息。

第二章　2012 年香港温室气体清单

香港温室气体清单编制同时参考了《1996 年 IPCC 清单指南》《IPCC 优良作法指南》和《IPCC 国家温室气体清单编制指南（2006 年版）》（以下简称《2006 年 IPCC 清单指南》），报告的年份为 2012 年，范围包括能源活动、工业生产过程、农业活动、土地利用变化和林业、废弃物处理。估算的温室气体种类包括二氧化碳、甲烷、氧化亚氮、氢氟碳化物、全氟化碳及六氟化硫。

一、2012 年清单综述

2012 年香港温室气体排放总量（不包括土地利用变化和林业，以下简称香港排放总量）为 4 317.6 万吨二氧化碳当量，土地利用变化和林业碳吸收汇约为 46.6 万吨二氧化碳，考虑土地利用变化和林业碳吸收汇后，温室气体净排放总量约为 4 271.1 万吨二氧化碳当量。2012 年香港排放总量中二氧化碳约为 3 957.2 万吨，占香港排放总量的 91.7%；甲烷约为 220.2 万吨二氧化碳当量，占香港排放总量的 5.1%；氧化亚氮约为 34.2 万吨二氧化碳当量，占香港排放总量的 0.8%（表 7-2、表 7-3）；氢氟碳化物约为 99.0 万吨二氧化碳当量，占香港排放总量的 2.3%；六氟化硫约为 7.0 万吨，占香港排放总量的 0.2%（表 7-4）。表 7-3 给出了 2012 年香港分部门的二氧化碳、甲烷和氧化亚氮排放清单。表 7-4 给出了 2012 年香港含氟气体排放清单。

表 7-2　2012 年香港温室气体排放总量　　　　　单位：万 t 二氧化碳当量

指标	二氧化碳	甲烷	氧化亚氮	氢氟碳化物	全氟化碳	六氟化硫	合计
能源活动	3 894.9	3.8	14.3				3 913.0
工业生产过程	60.7	NE	NE	99.0	0.0	7.0	166.7
农业活动		1.2	1.8				3.0

指标	二氧化碳	甲烷	氧化亚氮	氢氟碳化物	全氟化碳	六氟化硫	合计
废弃物处理	1.6	215.2	18.1				235.0
土地利用变化和林业	−46.6	NE	NE				−46.6
总量（不包括土地利用变化和林业）	3 957.2	220.2	34.2	99.0	0.0	7.0	4 317.6
总量（包括土地利用变化和林业）	3 910.6	220.2	34.2	99.0	0.0	7.0	4 271.1

注：1. 阴影部分不需填写。
　　2. 由于四舍五入的原因，表中各分项之和与合计可能有微小的出入。
　　3. NE（未估算）表示对现有源排放量和汇清除量没有估计。

表 7-3　2012 年香港二氧化碳、甲烷和氧化亚氮排放　　　　　单位：万 t

温室气体排放源与吸收汇种类	二氧化碳	甲烷	氧化亚氮
总量（包括土地利用变化和林业）	3 910.6	10.5	0.1
总量（不包括土地利用变化和林业）	3 957.2	10.5	0.1
1. 能源活动	3 894.9	0.2	0.0
燃料燃烧	3 894.9	0.1	0.0
能源生产和加工转换	2 931.5	0.1	0.0
制造业和建筑业	75.6	0.0	0.0
交通	738.4	0.0	0.0
其他行业	149.4	0.0	0.0
逃逸排放		0.1	
油气系统		0.1	
煤炭开采		NO	
2. 工业生产过程	60.7	NE	NE
3. 农业活动		0.1	0.0
动物肠道发酵		0.0	
动物粪便管理		0.0	0.0
水稻种植		NO	
农用地		NO	NO
限定性热带草原烧荒		0.0	0.0
4. 土地利用变化和林业	−46.6	NE	NE
森林和其他木质生物质储量变化	−46.6		
森林转化	NE	NE	NE

温室气体排放源与吸收汇种类	二氧化碳	甲烷	氧化亚氮
5. 废弃物处理	1.6	10.2	0.1
固体废物处理		10.0	NO
污水处理		0.2	0.1
废弃物焚烧处理	1.6	NE	NE
信息项			
特殊地区航空	174.6	0.0	0.0
特殊地区航海	969.7	0.1	0.0
国际航空	1 260.8	0.0	0.0
国际航海	1 679.8	0.1	0.0

注：1. 阴影部分不需填写；由于四舍五入的原因，表中各分项之和与合计可能有微小的出入；0.0 表示有计算结果，但因数字太小显示为 0.0。

   2. NO（未发生）表示在境内没有发生的温室气体排放和汇清除。

   3. NE（未估算）表示对现有源排放量和汇清除没有估计。

   4. 信息项不计入排放总量。

   5. 特殊地区航空、特殊地区航海为香港与内地之间的航空、航海，已作为国内航空、航海排放计入中国温室气体清单总量。

表 7-4   2012 年香港含氟气体排放量   单位：万 t 二氧化碳当量

温室气体排放源与吸收汇类别	HFCs					PFCs				SF$_6$	合计
	HFC-134a	HFC-404a	HFC-407c	HFC-410a	HFC-227ea	C$_8$F$_{16}$O	C$_{12}$F$_{27}$N	C$_{15}$F$_{33}$N	C$_9$F$_{21}$N		
工业生产过程	87.8	3.2	2.2	0.4	5.3	0.0	0.0	0.0	0.0	7.0	105.9
其中：卤烃和六氟化硫消费	87.8	3.2	2.2	0.4	5.3	0.0	0.0	0.0	0.0	7.0	105.9

能源活动是香港温室气体的主要排放源。2012 年能源活动温室气体排放量占香港排放总量的 90.6%，其他依次为废弃物处理、工业生产过程和农业活动排放，所占比重分别为 5.4%、3.9% 和 0.1%。图 7-1 给出了香港温室气体排放部门构成。

二氧化碳排放是香港温室气体的主要排放源。2012 年二氧化碳的排放占香港排放总量的 91.7%，其他依次为甲烷、含氟气体和氧化亚氮，所占比重分别为 5.1%、2.5% 和 0.8%（图 7-2）。

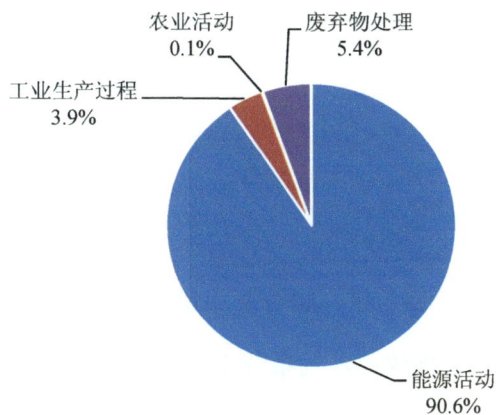

图 7-1　2012 年香港温室气体排放部门构成

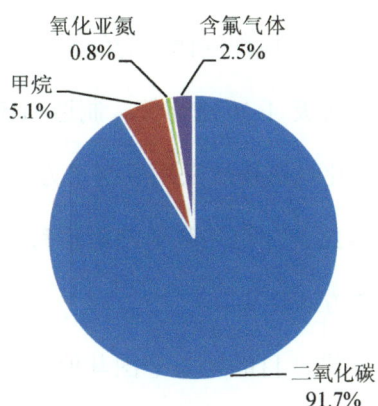

图 7-2　2012 年香港温室气体排放种类构成

2012 年香港特殊地区航线和国际燃料舱温室气体排放量约为 4 111.6 万吨二氧化碳当量，其中特殊地区航海和航空运输排放 1 154.1 万吨二氧化碳当量，国际航海和航空运输排放 2 957.5 万吨二氧化碳当量，上述排放均作为信息项单列，不计入香港排放总量，但特殊地区航海和航空运输已作为国内航海、航空排放计入中国温室气体清单总量。

二、能源活动

（一）清单报告范围

能源活动的报告范围主要包括能源工业、制造业和建筑业、交通运输和其他行业化石燃料燃烧的二氧化碳、甲烷和氧化亚氮排放；油气系统甲烷逃逸排放。

（二）清单编制方法

香港能源活动排放计算主要依据《2006 年 IPCC 清单指南》，电力生产的二氧化碳、甲烷和氧化亚氮排放采用层级 3 方法计算。煤气生产的二氧化碳排放采用层级 2 方法计算，甲烷和氧化亚氮排放采用层级 1 方法计算。填埋气体作为能源用途的二氧化碳排放采用层级 2 方法计算，甲烷和氧化亚氮排放采用层级 1 方法计算。制造和建筑业及其他行业的二氧化碳排放采用层级 2 方法估算，甲烷和氧化亚氮排放采用层级 1 方法进行估算。

对于本地航空、本地水运、铁路、非道路和道路运输移动源的二氧化碳、甲烷和氧化亚氮排放，采用层级 1 方法和层级 2 方法计算。

特殊地区运输是指出发地为香港，目的地为中国其他地区的航空及海上运输活动；国际运输是指出发地为香港，目的地为中国以外其他地区的航空及海上运输活动。特殊地区及国际航空的二氧化碳、甲烷和氧化亚氮排放采用层级 3 方法（a）估算，特殊地区及国际海运的二氧化碳、甲烷和氧化亚氮排放采用层级 1 方法估算。

除燃气管道输送的甲烷逃逸排放采用层级 1 方法估算外，其他甲烷逃逸排放均采用层级 3 方法估算。

（三）排放清单

2012 年香港能源活动温室气体排放量约为 3 913.0 万吨二氧化碳当量，占香港排放总量的 90.6%。其中二氧化碳、甲烷和氧化亚氮排放量分别为 3 894.9 万吨二氧化碳当量、3.8 万吨二氧化碳当量和 14.3 万吨二氧化碳当量。能源活动排放的二氧化碳量占香港二氧化碳排放总量的 98.4%。

2012 年香港能源活动排放中，能源工业（发电及煤气生产）排放 2 942.7 万吨二氧化碳当量，占 75.3%；交通运输排放 742.4 万吨二氧化碳当量，占 19.0%；其他行业（包括商业和住宅）排放 149.7 万吨二氧化碳当量，占 3.8%；制造业和建筑业部门排放 76.0 万吨二氧化碳当量，占 1.9%；甲烷逃逸排放约 2.2 万吨二氧化碳当量，约占 0.1%。

三、工业生产过程

（一）清单报告范围

工业生产过程的报告范围主要包括：水泥生产过程中的二氧化碳排放；制冷、空调和灭火设备中氢氟碳化物和全氟化碳排放；电气设备的六氟化硫排放。

（二）清单编制方法

基于香港熟料产量和相关数据，采用《1996 年 IPCC 清单指南》层级 2 方法，并同时参考《2006 年 IPCC 清单指南》相关参数，计算水泥生产过程的二氧化碳排放；巴士、铁路列车空调和大型商业、政府建筑空调以及工业制冷的氢氟碳化物排放采用《2006 年 IPCC 清单指南》层级 2 方法（b）计算；汽车、货车空调和工商业楼宇空调以及家用、商业制冷氢氟碳化物的排放采用层级 2 方法（a）计算；溶剂的全氟化碳排放采用《2006 年 IPCC 清单指南》层级 1 方法计算；灭火设备的氢氟碳化物和全氟化碳排放采用《2006 年 IPCC 清单指南》层级 1 方法（a）计算；电气设备应用的六氟化硫排放采用《2006 年 IPCC 清单指南》层级 3 方法计算。

（三）排放清单

2012 年香港工业生产过程温室气体排放量约为 166.7 万吨二氧化碳当量，占香港排放总量的 3.9%。其中，水泥生产过程中的二氧化碳排放为 60.7 万吨二氧化碳当量，占香港工业生产过程温室气体排放量的 36.4%，制冷和空调、灭火及电气设备使用的氢氟化碳、全氟化碳和六氟化硫排放分别为 99.0 万吨二氧化碳当量、0.0 万吨二氧化碳当量和 7.0 万吨二氧化碳当量。

四、农业活动

（一）清单报告范围

农业活动的报告范围主要包括牲畜肠道发酵、粪便管理的甲烷和氧化亚氮排放；农业土壤的氧化亚氮排放和草原烧荒的二氧化碳、甲烷和氧化亚氮排放。

（二）清单编制方法

肠道内发酵的甲烷排放采用《1996 年 IPCC 清单指南》层级 1 方法，并参考《2006 年 IPCC 清单指南》的缺省排放因子计算；农用地直接和间接氧化亚氮排放采用《2006 年 IPCC 清单指南》层级 1 方法计算；限定性热带草原烧荒的甲烷和氧化亚氮排放采用《2006 年 IPCC 清单指南》层级 1 方法计算。

（三）排放清单

2012 年香港农业活动排放约 3.0 万吨二氧化碳当量，占香港排放总量的 0.1%。牲畜的肠道发酵及粪便管理的甲烷和氧化亚氮排放共 1.6 万吨二氧化碳当量，而农业土壤氧化亚氮排放约为 1.4 万吨二氧化碳当量。

五、土地利用变化和林业

（一）清单报告范围

土地利用变化和林业的报告范围主要包括林地、农田和草地转化所引起的生物量碳储量的变化。

（二）清单编制方法

林地、农田和草地转化所引起的生物量碳储量变化的二氧化碳排放采用《2006 年 IPCC 清单指南》层级 1 方法，并参考相关的排放因子计算；森林和其他木本生物量储量变化的二氧化碳排放或吸收也采用层级 1 方法计算。

（三）排放清单

2012 年香港土地利用变化和林业活动为碳汇，净吸收二氧化碳约 46.6 万吨，全部来自林地及草地转化所引起的森林和其他木质生物量贮量变化的碳吸收。

六、废弃物处理

（一）清单报告范围

废弃物处理的报告范围主要包括固体废物填埋处理的甲烷排放；生活污水和工业废水处理的甲烷和氧化亚氮排放；废弃物焚烧的二氧化碳排放。

（二）清单编制方法

废弃物处理排放计算主要是基于《2006 年 IPCC 清单指南》，固体废物填埋处理的甲烷排放采用层级 2 方法计算，废水处理的甲烷和氧化亚氮排放采用层级 1 方法计算，化学废料处理的二氧化碳排放也采用层级 1 方法计算。

（三）排放清单

2012 年香港废弃物处理共排放 235.0 万吨二氧化碳当量，占香港排放总量的 5.4%。其中大部分为甲烷，排放量为 215.2 万吨二氧化碳当量，占香港甲烷排放总量的 97.8%。

七、质量保证和质量控制

（一）本次清单编制过程中开展的质量保证和质量控制工作

清单编制机构在清单编制过程中，时时注意加强清单编制质量保证和质量控制工作，以提高清单编制质量。开展的活动主要包括：

（1）在编制方法的选择上，严格按照 IPCC 提供的指南进行编制，以保障清单编制的科学性、可比性和透明性。

（2）在活动水平数据的收集和分析过程中，与相关部门密切配合，获取权威的第一手官方资料，并有专门的人员管理、校核和检查，以保证所采用数据的权威性和合理性。

（3）在确定排放因子时，尽量使用符合香港实际情况的排放因子，如没有香港特征排放因子，则参考 IPCC 指南提供的缺省排放因子，以确保清单结果的准确性。

（二）本次清单存在的不确定性分析

开展减少不确定性的工作，降低不确定性所采取的措施主要包括以下两个方面：一是完善数据收集。利用官方公布的统计数据、本地实测排放因子及参数，同时参考《2006 年 IPCC 清单指南》最新的有关参数。二是选择适当方法学。根据数据的可获得性，选用高层级方法进行清单计算。

清单的不确定性：根据《2006 年 IPCC 清单指南》的误差传递法分析，2012 年香港温室气体清单的不确定性约为 4.3%。由于电厂煤耗的品种、数量等数据统计的局限导致发电过程燃煤排放成为清单编制不确定性的最大来源。

八、历年香港温室气体信息

香港在中国气候变化第二次国家信息通报中已经报告了 2005 年香港温室气体清单。为了与报告的其他部分保持一致，本章会同时列出第一次国家信息通报的和第二次国家信息通报的两次历史年份（即 1994 年和 2005 年）的清单信息概要（表 7-5、表 7-6）。为确保不同年度清单在排放源范围、数据来源等方面具有更好的可比性，香港正在准备的第三次国家信息通报香港特别行政区应对气候变化基本信息中将对 2005 年香港温室气体清单进行重新计算和更新。

表 7-5　1994 年香港温室气体排放构成

温室气体	不包括土地利用变化和林业		包括土地利用变化和林业	
	万 t 二氧化碳当量	比重/%	万 t 二氧化碳当量	比重/%
二氧化碳	3 367.7	94.3	3 320.9	94.2
甲烷	154.7	4.3	154.7	4.4
氧化亚氮	37.7	1.1	37.7	1.1
含氟气体	12.7	0.4	12.7	0.4
总计	3 572.9	100	3 526.0	100

注：由于四舍五入的原因，各表中分项之和可能与总计有微小的出入。

表 7-6　2005 年香港温室气体排放构成

温室气体	不包括土地利用变化和林业		包括土地利用变化和林业	
	万 t 二氧化碳当量	比重/%	万 t 二氧化碳当量	比重/%
二氧化碳	3 812.0	91.7	3 770.8	91.6
甲烷	217.8	5.2	217.8	5.3
氧化亚氮	39.9	1.0	39.9	1.0
含氟气体	86.8	2.1	86.8	2.1
总计	4 156.5	100	4 115.3	100

（一）1994 年香港温室气体清单

1994 年香港温室气体排放总量（不包括土地利用变化和林业）约为 3 572.9 万吨二氧化碳当量，其中二氧化碳、甲烷、氧化亚氮和含氟气体所占的比重分别为 94.3%、4.3%、1.1% 和 0.4%；土地利用变化和林业领域的温室气体吸收汇约为 46.9 万吨二氧化碳当量，考虑温室气体吸收汇后，1994 年香港温室气体净排放总量约为 3 526.0 万吨二氧化碳当量，其中二氧化碳、甲烷、氧化亚氮和含氟气体的所占的比重分别为 94.2%、4.4%、1.1% 和 0.4%。

（二）2005 年香港温室气体清单

2005 年香港温室气体排放总量（不包括土地利用变化和林业）约为 4 156.5 万吨二氧化碳当量，其中二氧化碳、甲烷、氧化亚氮和含氟气体所占的比重分别为 91.7%、5.2%、1.0% 和 2.1%；土地利用变化和林业领域的温室气体吸收汇约为 41.2 万吨二氧化碳当量，考虑温室气体吸收汇后，2005 年香港温室气体净排放总量约为 4 115.3 万吨二氧化碳当量，其中二氧化碳、甲烷、氧化亚氮和含氟气体所占比重分别为 91.6%、5.3%、1.0% 和 2.1%。

第三章 减缓行动及其效果

作为国际化大都市,香港一向关注气候变化问题,并配合国家,通过改变发电燃料组合、改善能源效益、推广环保陆路运输、推广汽车使用清洁燃料、转废为能及大力开展植树造林等方面的政策和措施,积极推动绿色低碳社区,有效地控制温室气体排放,以减缓气候变化。

香港实行的一系列减缓温室气体排放措施得到了社会大众的支持和广泛参与,居民的节能减碳意识不断提高,这使得香港近年的能源消费增长速度逐渐放缓。2005—2012 年,香港人口增长 5.0%,本地生产总值实质增长 29.2%,但同期香港的用电量只增加了 7.4%。2005—2012 年,人均温室气体排放量维持在 6 吨二氧化碳当量左右,香港单位本地生产总值二氧化碳排放下降了 20%左右。量化的减排措施见表 7-7。

一、能源工业减排

电力生产是香港能源活动二氧化碳的主要排放源。香港电力部门采取的减缓政策和行动主要包括改变发电燃料组成、积极开发可再生能源及强化电力企业温室气体排放管理。在改变发电燃料组成方面,香港特别行政区政府于 2015 年发布了 2020 年更清洁发电燃料组合方案,即将本地天然气发电比例增加至 50%,输入核电占整体燃料组成约 25%,香港特别行政区政府还准备开发更多可再生能源及加强节能宣传工作。此外,尽管受地理及气候条件限制,现有科技水平下香港可开发的可再生能源潜力有限,但电力企业还是积极推进,并于 2013 年建设完成香港最大规模(容量达 1 兆瓦)的太阳能光伏发电系统。

表 7-7　香港减缓行动计划一览

序号	行动名称	行动目标或主要内容	覆盖部门/温室气体	时间尺度	行动性质（强制/自愿、政府/市场）	监管部门	状态（计划/执行中/已完成）	进展信息	方法学和假设	预估减排效果	获得支持
					提高能源效益						
1	"香港都市节能蓝图2015—2025+"	这是香港首份都市节能蓝图，分析本地使用能源的情况及制定相关政策、策略，目标及主要行动计划，以配合香港达致节约能源的新目标	所有部门/CO_2	2015—2025年后	强制，政府	环境局	执行中	电力需求减少	减排量=节能量×排放因子	预计到2025年减排量为1 400千吨CO_2/年	特区政府
2	《建筑物能源效益条例》	《建筑物能源效益条例》及其《建筑物能源效益守则》涵盖照明、空调、升降机及自动梯装置，并就这些装置的最低能源表现标准作出一次性规范，该守则会定期每三年检查一次，以紧贴技术发展	建筑/CO_2	2012年至今	强制，政府	机电署	执行中	电力需求减少	减排量=节能量×排放因子	预计到2025年减排量为1 900千吨CO_2/年	特区政府
3	强制性能源效益标签计划	强制性能源效益标签计划涵盖五类电器产品，包括房间空气调节器、电冰箱、自镇流荧光灯、洗衣机和抽湿机，这五类产品的用电量共占住宅每年约60%用电量	所有部门/CO_2	2009年至今	强制，政府	机电署	执行中	电力需求减少	减排量=节能量×排放因子	预计到2025年减排量为682.5千吨CO_2/年	特区政府
4	启德发展区的区域供冷系统	启德发展区一个大型的中央空调系统，该供冷系统利用海水在中央供冷站制造冷水，并通过地下管道网络输送到启德发展区的用户楼宇，该工程项目会在2011—2022年分三个阶段实施	能源/CO_2	2011—2022年	兴建：强制，政府 使用：自愿，市场	机电署	执行中	电力需求减少	减排量=节能量×排放因子	当区域供冷系统全部启用后，预计减排量为59.5千吨CO_2/年	特区政府

序号	行动名称	行动目标或主要内容	覆盖部门/温室气体	时间尺度	行动性质（强制/自愿，政府/市场）	监管部门	状态（计划/执行中/已完成）	进展信息	方法学和假设	预估减排效果	获得支持
5	广泛使用较具能源效益的淡水冷却塔水冷式空调系统	自2000年年末为止，已超过2000座淡水冷却塔建成并投入运作。据估计，约1500座新建的淡水冷却塔将于2016—2025年完成。机电工程署会继续推动广泛使用淡水冷却塔	能源/CO_2	2000年开始	自愿，政府	机电署/环境局	执行中	电力需求减少	减排量=节能量×排放因子	预计到2025年减排量为500千吨CO_2/年	特区政府
					转废为能						
6	兴建一所专用的污泥处理设施	位于屯门曾咀的专用污泥处理设施第一期已于2015年4月开始运作，该设施采用先进焚化技术处理从污水处理厂产生的污水淤泥，由焚化过程产生的热能会转化成电力，以完全应付设施的电力需求，并将剩余电力输出至香港小区的次级电源	能源及废物/CO_2、CH_4	2010年至今	强制，政府	环境保护署	执行中	减少温室气体	减排量=替代化石能源量×排放因子	260千吨CO_2/年	特区政府
7	有机资源回收中心	预计有机资源回收中心第一期将于2017年前后落成启用，该设施将采取生物处理技术把工商业界的厨余转化为有用的资源，如生物气体及堆肥产品	能源及废物/CO_2、CH_4、N_2O	2017年开始	兴建：政府使用：自愿，市场，政府	环境保护署	计划	减少温室气体	减排量=替代化石能源量×排放因子	第一期为25千吨CO_2/年	特区政府
8	综合废物管理设施第1期	香港特区政府正规划兴建综合废物管理设施第一期，该设施将采用先进的转废为能技术，大幅减缩废物的体积及将废物转化为能源	能源及废物/CO_2	2023年	强制，政府	环境保护署	执行中	减少温室气体	减排量=替代化石能源量×排放因子+避免堆填气体的产生	440千吨CO_2/年	特区政府

二、建筑物减排

建筑物耗电量约占香港总用电量的 90%，香港建筑物的减缓政策和行动主要包括：

（1）提高建筑物能源效益。为提高住宅的节能能力，屋宇署已于 2014 年 9 月推出《住宅楼宇能源效益设计和建造规定指引》，要求涉及宽免住宅楼宇的环保/适意设施及非强制性/非必要机房及设备的楼面面积的新发展项目，楼宇的屋顶及外墙设计及建筑必须符合指引内的住宅热转送值。《建筑物能源效益条例》于 2010 年推出并于 2012 年 9 月全面生效。《建筑物能源效益条例》要求空调、照明、电力、升降机及自动梯等主要楼宇装备装置符合《建筑物能源效益守则》内的节能要求和《能源审核守则》中所明确的个别种类建筑物的能源审计要求。《建筑物能源效益守则》和《能源审核守则》已完成第一次全面检查，并于 2015 年 12 月对公众公布。香港特别行政区政府于 2011 年 1 月推出可持续建筑设计指引，规范建筑物间距及绿化覆盖率，以及倡导楼宇按照香港建筑环境评估法最新版本《绿建环评》进行认证注册登记。

（2）提升电器能源效益。推行自愿参与的能源效益标签计划，计划涵盖 13 种家具器具、2 种气体设备、7 种办公室器材、1 种汽油私家车，此计划方便大众选用能效高的产品。香港特别行政区政府通过于 2008 年实施《能源效益（产品标签）条例》（第 598 章）推行强制性能源效益标签计划。目前，该计划涵盖了房间空气调节器、电冰箱、自镇流荧光灯、洗衣机和抽湿机。2015 年 11 月已完成房间空气调节器、电冰箱和洗衣机的等级标准修订，目前新标准已全面实施。

（3）开展建筑物温室气体排放核算。香港特别行政区政府编制了《香港建筑物（商业、住宅或公共用途）的温室气体排放及减除的审计和报告指引》，提供系统及科学的温室气体排放核算方法和报告规范，从而推行自愿计划以降低或抵消建筑物的温室气体排放。政府也已于 2015 年完成了一项历时 3 年的计划，为 120 所政府建筑物及公共设施进行了能源及碳排放审计，其中包括公众街市、公众泳池、室内体育馆、中学、办公大楼、医疗设施、社区会堂及市场等。为鼓励更多政策局及部门为其政府建筑物及公共设施定期进行碳排放审计，在 2015 年已举办了 10 场碳审计研讨会。

三、交通运输减排

交通运输行业采取的减缓政策和行动主要包括：

（1）推动电动车广泛使用。主要措施包括：豁免电动车辆的首次登记税至 2017 年 3 月 31 日；设置超过 1 300 个电动车充电器供公众使用；香港特别行政区政府率先使用电动车辆；2011 年 3 月成立 3 亿元的"绿色运输试验基金"，以资助适用于公共运输业界及货车的绿色创新技术；拨款 1.8 亿元资助专营巴士公司购买 36 部单层电动巴士在特区作试验行驶，以评估它们在本地环境下的运作效能及表现。

（2）减免环保汽油私家车登记税。自 2007 年 4 月起至 2015 年 3 月底，香港特别行政区政府对新登记低排放、高燃料效益的环保汽油私家车提供汽车首次登记税的税务宽减[①]。

四、废弃物处理减排

香港倡导节约资源，减少丢弃，并鼓励绿色生活方式。废弃物处理的减缓政策和行动主要包括：

（1）提倡废弃物减量化。香港特别行政区政府推行家居废弃物源头分类计划，鼓励减少废弃物、提倡回收及循环再造。2014 年的香港城市固体废物回收率已达到 52%。

（2）强化资源回收利用。目前香港所有填埋场均利用填埋气体作为发电机组的燃料生产能源，用于提供填埋场所基础设施的使用，同时也为渗滤液处理设施提供能源。香港现有 4 家大型二级污水处理厂产生的甲烷气体直接被用作内燃机的燃料，其产生的电力可供厂内设施使用，也可用作热水锅炉的燃料，用于厂内供热。

（3）加大废弃物资源化。香港首个处理厨余废弃物的试验设施预计将在 2017 年前后建成，其将成为香港第一期有机资源回收中心。该中心采用生物处理技术，把工商业厨余废弃物转化成生物气体和堆肥产品等有用资源。香港特别行政区政府已启用一处采用先进焚烧技术的污泥处理设施，并计划发展第一期焚烧技术的综合废物管理设施，实现转废为能。

---

① 环保汽油私家车首次登记税的税务宽减已于 2015 年 4 月 1 日终止。

五、植树及市区绿化

自 2010 年以来，香港已种植大约 3 600 万棵树木和灌木，其中约 400 万棵为树木。近年来，香港特别行政区政府推动以全面和可持续的作业方式处理优质的城市景观设计和树木管理倡议，包括制定和实施绿化总纲图，并推行垂直园境、屋顶园境，采用透水铺地物料和雨水收集等。到 2014 年年初，香港共设立了 24 个郊野公园及 22 个特别地区，总面积约达 443 千米^2，约占全港土地的 40%。这些受保护地区不但有利于维持丰富的生物多样性，也可进一步提高香港的二氧化碳吸收能力。

六、已取得的成效

香港实行的一系列减缓温室气体排放的措施，得到了社会大众的支持和广泛参与，居民的节能减碳意识不断提高，香港近年的能源消费增长速度逐渐放缓。可量化的减排措施详见表 7-7。2005—2012 年，香港单位本地生产总值二氧化碳排放下降了 20% 左右。

七、国际市场机制

香港特别行政区政府于 2009 年 12 月 1 日发布《港资企业在中国内地开展清洁发展机制项目的补充说明》，列出港资企业在内地开展清洁发展机制项目的明确要求及相关的申请办法。符合条件的港资公司，可出具环境保护署发出的"《清洁发展机制项目运行管理办法》港资企业证明函"，以中资身份向国家发展改革委申请开展清洁发展机制项目。符合资格的港资企业可利用由外国机构提供的额外资金和技术在国内开展清洁发展机制项目。环境保护署已发出 73 份"《清洁发展机制项目运行管理办法》港资企业证明函"，国家发展改革委批准了其中 50 个项目，其中 48 个项目已在联合国注册。减排主要包括风能、水力发电、余热再利用、太阳能、生物质热能和废弃物焚烧领域，项目广泛分布在全国 24 个省级行政区，包括山东、辽宁、江苏、广东、吉林、湖北、四川和内蒙古等。

八、减缓行动的 MRV 相关信息

有关香港的减缓行动，工作小组秘书处已整合并记录政策局及相关部门推行的减缓行动的进展情况。香港特别行政区政府已于 2016 年第一季度举办了研讨会以提高政策局及相关部门对减缓行动的测量、报告和核实的理解。

为了促进温室气体核证和核实领域的发展，香港在 2012 年 12 月推出温室气体核证/核实机构的认可服务，获得认可的机构可以按照 ISO 14064 认证标准开展温室气体排放报告核实工作。

第四章　资金、技术和能力建设需求及资助

一、资金需求

主要资金需求包括编制温室气体清单、组织能力建设研讨会和讲习班、实施减缓和适应措施，以及参与国际会议和培训等。目前，有关支出和人力投入均由香港特别行政区政府经常性开支负责。

二、技术需求

在减缓气候变化方面的技术需求主要包括建筑节能系列产品技术、新型墙体材料技术、混合动力和电动汽车（包括大型公共汽车）技术、高效能快速汽车充电技术、高性能电池及材料技术、可再生能源（特别是建筑光伏一体化系统）技术等。

在适应气候变化方面的技术需求主要包括环境和生态系统保护技术、为建筑环境及基建开发气候风险评估技术、能源需求及供应变化预测技术，以及对食物链影响、食物危害和水资源影响的分析技术等。

三、能力建设需求

在能力建设方面的需求主要包括加强信息通报和温室气体清单编制的队伍建设和相关培训、强化现行法例及管理、制定新法例、加强监测、强化政府及企业能力、更新灾害管理及应变计划、开展研究及调查和提升政府及社会各界对应对气候变化的了解及应对能力。

第五章　其他相关信息

香港在加强气候系统观测与研究，开展气候变化教育、宣传和培训，鼓励公众参与，提高气候变化意识，拓展国内外合作与交流等方面也开展了一系列活动。

一、气候系统观测与研究

香港的气候变化系统观测与研究工作由香港天文台承担，其多年来一直进行气象及气候的观测及相关研究工作，提供包括香港天气预测、即时天气、热带气旋消息、天气图、雷达图及卫星云图等服务，以及发出极端天气预警。香港天文台也从事气候变化研究，分析天气及气候对社会的影响，预测全年降水量和影响香港的热带气旋数目等。利用最新的气候模式研究进展及观测数据，香港天文台已更新了对香港年气温、降水量和极端天气事件的估算。

二、教育、宣传与公众意识

香港一直重视环境与气候变化领域的教育及宣传工作，积极提高公众意识。气候变化内容已包含于中小学的常识、地理、科学、科技教育及通识教育等科目的课程之中。为提高中小学生对气候变化的认识，香港还出版了一系列读物。香港特别行政区政府不同部门也通过各种渠道，致力于提高各阶层在气候变化、极端天气、节能和绿化等方面的公众意识，并积极引导生活模式及行为方式的改变。

在公众教育及推广气候变化的认知方面，香港天文台已更新气候变化网页，并在网站发表多篇有关气候变化的网络文章和教育资源文章，提供关于极端天气事件和气候预估的数据，与市民分享最新信息和研究成果。香港天文台也和其他政府部门及团体合作为公众、学校、大学、政府部门及专业机构举办气候变化讲座。此外，香港天文台也出版了气候变化小册子，并且推出网上气候问答游戏，以提升社会各界对气候变化的认识。

自 2007 年 8 月起，香港环境保护署举办"绿色香港·碳审计"活动，鼓励社会各界对建筑物进行碳审计并执行减碳活动，并于 2014 年 12 月推出了上市公司碳足迹资料库以鼓励私营公司走上减排之路。

香港特别行政区政府成立环境及自然保育基金，资助本地非营利机构推行与环保和自然保育有关的项目及活动。基金资助范围包括非营利机构及学校进行天台绿化、安装可再生能源设备和节能装置等小型示范工程项目，进一步提高社区及学生对应对气候变化的认识。

三、加强国内和国际合作

研究区域清洁能源及可再生能源发展策略，推动清洁能源及可再生能源研发应用，支持企业节能减排，加强应对气候变化相关的科学研究、技术开发应用、宣传教育和基础能力建设等方面的交流和合作。

2011 年香港成为 C40（大城市气候领导集团）指导委员会成员，推动世界各大城市群策群力，共同应对气候变化和提高能源效益。2011 年成立粤港应对气候变化联络协调小组，由香港环境署署长及广东省发展改革委主任共同主持，协调小组就两地有关应对气候变化事宜进行磋商，积极推动两地在温室气体排放及气候变化方面的科学研究和数据共享，以及相关的科学研究、技术开发应用和宣传教育的合作交流。

第八部分

澳门特别行政区应对气候变化基本信息

澳门是中华人民共和国成立的特别行政区，是一个气候温和、资源短缺、人口密度高、博彩业高度发展、充满活力的城市，也是有名的世界旅游休闲中心。2010年以来，澳门特别行政区政府在应对气候变化方面采取了一系列的政策与行动，并取得积极成效。

第一章　基本区情

一、自然条件与资源

澳门特别行政区（以下简称澳门）位于华南沿岸珠江三角洲的珠江口西侧，北接广东省珠海市，东望珠江口东侧的香港，南临中国南海，西隔水见珠海市的湾仔、横琴岛。三面环海的澳门主要由澳门半岛（以下简称本澳）、氹仔岛、路环岛和路氹填海区四部分组成。

澳门属亚热带海洋性气候，季风显著。澳门气候温和，1981—2010 年 30 年间的气候资料显示，澳门年平均气温为 22.6℃，1 月最冷，月平均气温约为 15.1℃；7 月最热，月平均气温约为 28.6℃。澳门年平均降水量约为 2 058.1 毫米，降水的季节性差异显著，4—9 月是澳门的雨季，降水量占全年的 84% 以上，其间出现的极端强降水事件，日降水量可高达 300 毫米以上。影响澳门的极端天气及气候事件包括热带气旋和伴随的风暴潮、强烈季风、暴雨以及雷暴。每年有 5～6 个热带气旋影响澳门，其中 1～2 个会导致本澳风力达 8 级或以上。

澳门土地资源极为有限，历年来一直通过填海造地增加土地面积。2009 年获中央政府核批新城填海计划，填海造地共计 361.65 公顷用于建设新城区。此外，澳门大学横琴校区自 2013 年 7 月 20 日起正式交由澳门管理，校区陆地面积约 1.4 千米^2。2014 年澳门陆地面积达 30.3 千米^2，较 2010 年增加了约 2.0%。

澳门本地蓄水设施不足，超过 95% 的饮用原水是由广东省珠海市输入本澳。2014 年澳门用水量达 8 349 万米^3，其中工商业用水占 51%，家庭用水占 42%，其余 7% 则用于政府部门和其他设施等。

二、人口与社会

澳门是世界上少有的人口高密度地区。2014 年，澳门总人口为 63.6 万人，较 2010 年增加了 27.0%，平均人口密度为每千米^{2}约 2.1 万人。澳门劳动人口约为 39.5 万人，其中就业人员为 38.8 万人。第一产业就业人口仅占 0.2%，第二产业占 15.7%，第三产业占 84.1%。

根据澳门教育暨青年局 2014 学年和 2015 学年教育数字统计，正规教育学校有 74 所，学生人数 6.95 万人。高等教育机构有 10 所，学生人数约有 3.1 万人，其中本地生占 60.3%，外地生占 39.7%。

2014 年，澳门共有医生 1 592 人，护士 1 990 人，医院床位 1 421 张。澳门 2014 年在医疗卫生上的开支约为 53 亿澳门元，占同年政府总开支的 9.2%，相当于本地生产总值的 1.2%。

三、经济发展

近年来澳门经济发展迅速，2014 年本地生产总值（以当年价格计算，下同）约为 4 435 亿澳门元，人均本地生产总值为 71.3 万澳门元，近 10 年来澳门的本地生产总值持续增长，年均增速约为 11.0%。澳门本地生产总值中第一产业几乎为零，第二产业和第三产业比例分别为 5.2% 和 94.8%，其中博彩业是澳门的主要经济支柱，占本地生产总值的 58.3%；不动产业、批发和零售业以及建筑业也是比较重要的行业，分别占 8.3%、5.2% 和 4.3%。旅游业对澳门经济发展也有重要作用，2014 年访澳旅客人数约为 3 153 万人次，主要客源来自内地，占总访澳旅客的 67.4%。

2014 年澳门能源消费总量约为 71.8 万吨标准煤，其中轻柴油占 34.2%，煤油、汽油、重油、天然气和石油气占能源消费总量的比例分别为 20.1%、15.1%、10.6%、10.5% 和 9.5%。在能源消费总量中，陆路运输占 25.1%，空路运输占 19.4%，能源加工转化占 18.7%，水路运输占 13.0%，商业、饮食业和酒店占 11.7%，工业和建筑业占 9.0%，家庭用户占 2.6%，其他占 0.5%。

澳门电力主要是从广东省输入，并以天然气和重油在本地发电作为补充。自 2007 年起，澳门持续增加电力输入，逐渐减少本地发电量，2014 年澳门总输入电量为 40.9 亿千瓦时，本地总产电量仅为 6.4 亿千瓦时。

澳门的运输系统包括陆路、水路和航空三种运输方式。2014 年澳门道路行车线总长度 424 千米，行驶车辆总数为 24 万多辆，客运船班次约为 14.1 万次，按目的地和出发地统计的澳门国际机场商业航班数目总数均为 2.4 万。

2012 年和 2014 年澳门的基本情况见表 8-1。

表 8-1　2012 年、2014 年澳门的基本情况

指标		2012 年	2014 年
人口（年终人口数）/万人		58.2	63.6
面积/km^2		29.9	30.3
本地生产总值/亿美元		430.3	555.1
人均本地生产总值/美元 [1]		75 531	89 287
工业占本地区生产总值的百分比/% [2]		4.1	5.2
服务业占本地区生产总值的百分比/%		95.9	94.8
农业占本地区生产总值的百分比/%		0	0
用于农业目的的土地面积/km^2		0	0
城市人口占总人口的百分比/%		100	100
大牲畜总数/头（匹、只）		569	438
	牛/头	5	5
	马/匹	548	419
	猪/头	3	3
	羊/只	13	11
有林地面积/km^2		2.98	2.98
贫困人口/万人 [3]		2.8	2.3
预期寿命/岁	男	79.3	79.6
	女	85.8	86.0
识字率/% [4]		95.6	95.6

注：1. 1 美元=7.989 9 澳门元。
　　2. 此处工业包括第二产业中的采矿业、制造业、水电及气体生产供应业、建筑业。
　　3. 此数据代表低收入的就业人口（平均月收入少于 4 000 澳门元）。
　　4. 数据是根据澳门 2011 年人口普查结果显示 15 岁以上人口的识字率。

四、应对气候变化相关的机构安排

澳门特区政府一直高度重视气候变化问题，为有效管理和统筹应对气候变化工作，澳门已于 2015 年成立应对气候变化跨部门专责小组（以下简称气候变化小组），负责协调与

《公约》履约相关的工作，包括制定"可测量、可报告、可核实"的减排行动，把减缓和适应气候变化工作推广至私营机构和广大民众，动员全民参与应对气候变化工作。

气候变化小组由运输工务司带领政府各相关部门开展应对气候变化的相关工作，主要部门包括民政总署、经济局、统计暨普查局、卫生局、教育暨青年局、旅游局、海事及水务局、房屋局、环境保护局、民航局、交通事务局、能源业发展办公室、运输基建办公室和地球物理暨气象局共 14 个部门。其中，地球物理暨气象局负责统筹和编写国家信息通报及两年更新报告中澳门应对气候变化基本信息。

第二章　2012 年澳门温室气体清单

2012 年澳门温室气体清单编制主要采用《1996 年 IPCC 清单指南》和《IPCC 优良作法指南》提供的方法进行编制，个别计算参数及排放因子的缺省值参考《2006 年 IPCC 清单指南》。根据澳门实际情况及相关数据的可获得性，2012 年澳门温室气体清单报告范围主要包括能源活动和废弃物处理的温室气体排放。估算的温室气体种类包括二氧化碳、甲烷、氧化亚氮，氢氟碳化合物、全氟化碳和六氟化硫因数据不足，不包括在本次澳门温室气体清单计算中。

一、2012 年清单综述

2012 年澳门温室气体排放总量（包括土地利用变化和林业，以下简称澳门排放总量）为 97.8 万吨二氧化碳当量（表 8-2），其中能源活动排放占澳门排放总量的 97.6%，废弃物处理排放占排放总量的 2.4%（图 8-1）。2012 年澳门排放总量中二氧化碳约为 93.9 万吨，约占澳门排放总量的 96.0%；甲烷约为 0.5 万吨二氧化碳当量，约占澳门排放总量的 0.5%；氧化亚氮约为 3.4 万吨二氧化碳当量，约占澳门排放总量 3.5%（图 8-2）。

表 8-2　2012 年澳门温室气体清单　　　　　　　单位：万 t 二氧化碳当量

温室气体排放源与吸收汇的种类		二氧化碳	甲烷	氧化亚氮	总计
总量（包括土地利用变化和林业）		93.9	0.5	3.4	97.8
1.	能源活动	93.5	0.5	1.5	95.5
	燃料燃烧	93.5	0.5	1.5	95.5
	能源加工转换	28.2	0.1	0.1	28.4
	制造工和建筑业	11.3	0	0	11.3
	陆路交通	33.9	0.3	1.3	35.5
	其他行业	20.1	0.1	0.1	20.3
	燃料的逃逸排放		NE		NE

温室气体排放源与吸收汇的种类		二氧化碳	甲烷	氧化亚氮	总计
2.	工业生产过程	NO	NO	NO	NO
3.	农业活动		NO	NO	NO
4.	土地利用变化和林业	NE	NO	NE	NE、NO
5.	废弃物处理	0.4	0	1.9	2.3
	城市生活垃圾处置		NO		NO
	废水处理		NE	1.8	1.8
	废弃物的焚烧	0.4		0.1	0.5
	其他		NO	NO	NO
6. 信息项					
	特殊地区航海	19.2	0.0	0	19.2
	特殊地区航空	17.7	0.0	0.2	17.9
	国际水运	NO	NO	NO	NO
	国际航空	18.8	0	0.2	19.0
	生物质燃烧的能源活动	8.4			8.4

注：1. 阴影部分不需填写。

　　2. 由于四舍五入的原因，表中各分项之和与总计可能有微小的出入。

　　3. NO（未发生）表示在境内没有发生的温室气体源排放和汇清除。

　　4. NE（未计算）表示对现有源排放量和汇清除没有计算。

　　5. 信息项不计入排放总量，其中生物质燃烧 CO_2 排放只包括生物成因的废弃物燃烧活动。

　　6. 特殊地区航海、特殊地区航空为澳门与内地之间的航海、航空，已作为国内航空、航海排放计入中国温室气体清单总量。

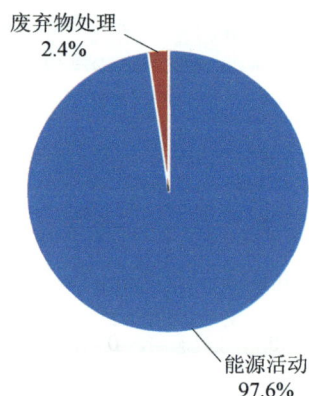

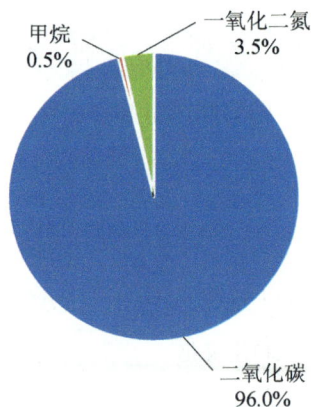

图 8-1　2012 年澳门温室气体排放部门构成　　图 8-2　2012 年澳门温室气体排放种类构成

2012 年澳门国际航空及特殊地区航空温室气体排放约为 36.9 万吨二氧化碳当量,特殊地区航海排放约为 19.2 万吨二氧化碳当量,均作为信息项单列,不纳入澳门温室气体清单,但特殊地区航空、航海已作为国内航空、航海排放计入中国温室气体清单总量。另外,城市废弃物中的生物质燃烧所产生的温室气体排放量约为 8.4 万吨二氧化碳当量,也列于信息项中,以上活动的温室气体排放量均未计入澳门温室气体总量。

二、能源活动

(一)清单报告范围

能源活动温室气体清单编制和报告的范围主要包括能源加工转换、制造业和建筑业、陆路交通的化石燃料燃烧,以及其他行业的二氧化碳、甲烷和氧化亚氮排放。考虑澳门城市废弃物主要采取焚烧形式处理,经焚烧炉产生的热量进行发电并输送至本澳电网,故将布料及塑料等化石成因废弃物焚烧发电的温室气体排放纳入能源活动计算,而城市废弃物中生物质焚烧产生的二氧化碳排放不计入排放总量,只在信息项中记录。此外,特殊地区航海、国际航空和特殊地区航空一并在信息项中列出。

(二)清单编制方法

能源活动清单中,能源加工转换、制造业和建筑业、其他行业及特殊地区航海化石燃料燃烧产生的二氧化碳、甲烷和氧化亚氮排放均采用《1996 年 IPCC 清单指南》方法 1 的部门法进行估算,而陆路交通、国际航空和特殊地区航空的二氧化碳、甲烷和氧化亚氮排放均选择采用《1996 年 IPCC 清单指南》方法 2 进行估算。

活动水平数据均为澳门公开发表的统计数据和相关行业数据,部门分类和燃料品种分类与《1996 年 IPCC 清单指南》的分类方式基本相同。排放因子主要参考《1996 年 IPCC 清单指南》,该指南中没有的排放因子则采用《2006 年 IPCC 清单指南》中的缺省值。

（三）温室气体排放

2012 年澳门能源活动的温室气体排放量约为 95.5 万吨二氧化碳当量，占澳门排放总量的 97.6%。其中二氧化碳、甲烷和氧化亚氮排放量分别约为 93.5 万吨二氧化碳当量、0.5 万吨二氧化碳当量和 1.5 万吨二氧化碳当量。能源活动的二氧化碳排放量占澳门二氧化碳排放总量的 99.6%。

2012 年澳门能源活动的排放中，陆路运输排放约 35.5 万吨二氧化碳当量，占澳门排放总量的 37.2%；能源加工转换排放约 28.4 万吨二氧化碳当量，占澳门排放总量的 29.7%；制造业和建筑业的排放约为 11.3 万吨二氧化碳当量，占澳门排放总量的 11.8%；其他行业（包括商业、饮食业、酒店和住宅）排放约 20.3 万吨二氧化碳当量，占澳门排放总量的 21.3%。

三、废弃物处理

（一）清单报告范围

废弃物处理温室气体清单编制和报告的范围包括城市生活污水处理的甲烷和氧化亚氮排放，废弃物焚烧处理的二氧化碳和氧化亚氮排放。由于澳门城市生活污水处理采用好氧生物法处理，其处理过程中的甲烷排放量极小，2012 年清单中忽略其甲烷排放。

（二）清单编制方法

澳门废弃物处理过程的温室气体排放采用了《1996 年 IPCC 清单指南》提供的方法。

废水处理过程的氧化亚氮排放活动水平数据为澳门统计局提供的人口数量和联合国粮食及农业组织提供的 2012 年度澳门人均全年蛋白质消耗量，排放因子为 IPCC 缺省值；废弃物焚烧产生的二氧化碳和氧化亚氮排放直接采用澳门统计局和澳门环境保护局提供的活动水平数据和 IPCC 推荐的缺省排放因子。

（三）温室气体排放

2012 年澳门废弃物处理产生的温室气体排放约为 2.3 万吨二氧化碳当量，占澳门排放总量的 2.4%。其中废水处理和废弃物焚烧的排放分别为 1.8 万吨二氧化碳当量和 0.5 万吨二氧化碳当量，分别占澳门废弃物处理排放量的 78.3% 和 21.7%。

四、清单的不确定性分析

（一）本次清单编制过程中的质量保证和质量控制

为了降低温室气体清单结果的不确定性，在清单编制方法方面，澳门清单编制机构采用了《1996 年 IPCC 清单指南》和《IPCC 优良作法指南》，并参考《2006 年 IPCC 清单指南》的方法，保证清单编制方法学的科学性、可比性和一致性。在条件允许的情况下，根据所能获得的部门活动水平数据，尽可能选用层级较高的方法。例如陆路交通、国际航空和特殊地区航空均采用较为详细的方法 2 进行估算。在活动水平数据方面，为保证数据的权威性，尽可能采用经澳门特别行政区政府部门核实的官方数据，包括来自澳门统计暨普查局、澳门民航局、澳门环境保护局和澳门交通事务局等政府部门的数据。在清单编制过程中，邀请国家温室气体清单编制团队对清单进行了评审。

（二）清单中存在的不确定性

尽管澳门清单编制机构在准备 2012 年澳门温室气体清单过程中，在报告范围、清单方法、清单质量等方面开展了大量工作，但是澳门温室气体清单仍存在一定的不确定性。

采用《IPCC 优良作法指南》提供的不确定性计算方法 1，以及参考《1996 年 IPCC 清单指南》和《2006 年 IPCC 清单指南》的排放因子不确定性计算方法，估算澳门温室气体清单总不确定性约为 3.3%。

五、历年澳门温室气体信息

澳门在中国气候变化第二次国家信息通报中已经报告了 2005 年澳门温室气体清单。2005 年澳门的温室气体排放量为 180.3 万吨二氧化碳当量。2012 年澳门的温室气体排放总量较 2005 年下降约 82.5 万吨二氧化碳当量，下降了 45.8%。排放量降低的主要原因是外购电力增加使得本地区能源活动排放降低。

2012 年澳门温室气体清单的编制方法、温室气体种类与 2005 年相同。不同之处是 2012 年清单信息项中计算了城市废弃物生物质燃烧的二氧化碳排放。

第三章　减缓行动及其效果

澳门特别行政区政府一直高度重视减缓气候变化的工作，致力于采取优化能源结构、节约能源、提高能效以及公交优先等政策措施，推动低碳社会建设，减缓气候变化。

一、控制温室气体排放的政策和目标

2010 年，澳门特别行政区政府提出"构建低碳澳门、共创绿色生活"的愿景，积极支持和配合国家应对气候变化政策和行动。澳门确定的控制温室气体排放的目标为 2020 年单位澳门本地生产总值温室气体排放强度在 2005 年基础上降低 40%～45%。

2010 年制定了《澳门环境保护规划（2010—2020）》，作为澳门 2020 年之前环境保护及相关减排工作的重要纲领。该规划围绕"可持续发展、低碳发展、全民参与、区域合作"四大核心理念，以改善人居环境、保障居民健康为目标，分近期（2010—2012 年）、中期（2013—2015 年）及远期（2016—2020 年）三个阶段实施。近期目标为逐步改善环境质量，提升环境管理能力。中期目标为环境污染得到基本控制，初步形成良好的生态环境安全格局，并逐步制定环境管理规章制度与技术标准。远期目标为建立起较完善的环境保护法律法规与技术规范体系，区域环境质量得到进一步提高，基本形成和谐、健康、平衡的生态系统。

二、减缓温室气体排放行动

（一）能源工业

（1）逐步提高天然气发电比例。随着澳门经济高速发展，电力需求不断增加，澳门特别行政区政府从国内购入的电力呈逐年上升趋势。为减缓与电力相关的排放，澳门于 2008 年开始引入天然气发电，已逐步取代重油发电，使用天然气发电的比例由 2008 年的 34.5%提高到 2014 年的 55.2%。

（2）向公共房屋居民提供天然气。澳门特别行政区政府已于 2012 年年初启动了公共天然气管网的建设工程，路环接收减压站于 2013 年正式投入运作，并开始向路环公共房屋居民供气，以改善澳门能源消费结构、降低二氧化碳排放。截至 2015 年，路凼城区的主管网已完成 74.6%铺设工程，为未来提供多元的清洁能源奠定了基础。

（3）推广光伏发电等可再生能源。澳门特别行政区政府一直积极推广可再生能源，早于 2010 年在电力专营合同中就明确要求电力公司必须接收可再生能源电力，为太阳能光伏并网创造了条件。2010 年起已经在多个公共部门及机构应用太阳能光伏发电。2015 年 1 月《太阳能光伏并网安全和安装规章》正式生效，澳门特别行政区政府不仅向业界提供了技术规范，还制定了上网电价制度，鼓励投资者安装光伏系统，推动了太阳能光伏并网发电。

另外，澳门特别行政区政府还就城市能源需求与新能源应用进行了多项规划和研究，先后发布了《澳门太阳能热水应用实务指南》和《澳门建筑物能耗优化技术指引》等技术手册，并在一些公共部门及机构测试示范中央空调系统余热回收技术。

（二）交通运输

（1）参加"机场碳排放认可计划"。澳门国际机场于 2014 年取得了国际机场协会的"机场碳排放认可计划"的"减少"级别认证。自 2012 年起，澳门每年逐步把照明系统及地面工作车辆更换为节能照明系统及环保车辆，并于 2015 年确定了明确目标，即 2018 年将机场每起降架次的碳排放量比 2012 年减少 20%。

（2）实施陆路交通公交优先政策。澳门特别行政区政府于 2010 年推出了《澳门陆路整体交通运输政策（2010—2020）》，以"公交优先"为整体核心，建设低碳和绿色的交通环境。计划按近期（2012 年）、中期（2015 年）及远期（2020 年）三个阶段逐步推进。该政策除构建轻轨、重整巴士、计程车、自行车及步行网络等公交系统、落实公交优先的理念外，还配合新城填海区的开发，完善澳门交通网络的建设，落实控制车辆增长及推广环保车辆等政策。

（3）推动环保节能车辆使用。为推动环保节能车辆使用，除鼓励购车人士优先选择环保车辆外，还缩短强制性验车年期，更新在用车辆尾气排放标准；要求巴士业界采用环保巴士，到 2015 年已引入 310 辆欧 IV 或欧 V 标准的环保巴士，其中 20 辆为天然气巴士。

（三）节能和提高能效

（1）企业节能。澳门特别行政区政府于 2011 年设立了"环保与节能基金——环保、节能产品和设备资助计划"，向澳门商业及社团提供资助，鼓励他们使用有助于改善澳门环境质量、节能减排的产品和设备。

（2）公共部门及机构节能。澳门特别行政区政府于 2007 年建立了能源管理机制，以提升公共部门的能源效益，至今有 50 多个部门及机构参与。2015 年还落实了公共部门及机构能源效益评估计划，制定了适合澳门情况的以部门人均耗电为指标的能耗限额标准，明确节能目标，持续改善和优化能源管理工作。

（3）公共户外照明系统节能。2008 年发布了《澳门公共户外照明设计指引》，大力推动户外 LED 灯照明应用。2015 年在新口岸填海区进行首段路灯更换工程，将 420 个路灯更换为 LED 灯。由于节能效果显著，政府正逐步更换各区路灯，计划 2016 年更换 3 座跨海大桥路灯，随后相关工程将逐步推广至全澳门。

（4）酒店业节能。自 2007 年开始每年举办"澳门环保酒店奖"，以推动酒店及相关产业实现环保、低碳及清洁发展。自该奖励计划设立以来，参与的酒店数目不断增加。

（四）城市绿化

（1）增加绿地面积。澳门特别行政区政府持续种植树木，积极扩大绿化空间。自 1982 年起，每年举办"澳门绿化周"，通过系列活动宣传环境绿化和自然保护的重要性。其中，"澳门绿化周大步行及植树活动"每年种植逾千株树苗，2013 年澳门总绿地面积已经增加到约 859 万米^2。

（2）探索立体绿化。为实现绿色城市目标，澳门特别行政区政府自 2011 年起将绿化深度扩展至公共垃圾房、行车天桥桥墩及候车站等顶部及立面，并于狭窄的街道中开展了薄层式篱笆立体绿化实验，从多个方面探索增加澳门的立体绿化空间。

三、已取得成效

多年来澳门特别行政区政府积极推广环保节能、绿色生活理念，加大外调电力比重，实施的系列减排政策及相关措施已见初步成效。《澳门特别行政区能源效益状况2013》研究报告显示，与2011年行业能源消耗相比，澳门社会整体的能源效益状况呈现部分改善、部分稳定的情况。其中，零售业、饮食业和非政府机构的商业建筑物每千澳门元增加值的能源消耗量分别减少40.4%、29.8%和7.2%。据估算，2012年人均温室气体排放比2005年下降约54.9%，澳门单位本地生产总值温室气体排放比2005年下降约76.4%。量化的减排措施见表8-3。

表 8-3　减缓行动和效果

序号	行动名称	行动目标或主要内容	覆盖部门/温室气体	时间尺度	行动性质（强制/自愿、政府/市场）	监管部门	状态（计划/执行中/已完成）	进展信息	方法学和假设	预估减排效果	获得支持
1	逐步提高天然气发电比例	2008 年开始引入天然气发电	能源工业/CO_2	2008 年至今	政府	能源业发展办公室	执行中	天然气发电比例由 2008 年的 34.5%提高到 2014 年的 55.2%	减排量=（天然气发电量×2008—2014 年南方电网平均排放因子）-（天然气发电用气量×天然气排放因子）；起始年：2008 年	2008—2014 年共减排 18.84 万 tCO_2	澳门特别行政区政府
2	参加国际机场协会机场碳认可计划	2018 年每架次的碳排放量比 2012 年减少 20%。通过提高能源和燃油效益、加强废弃物管理及回收、减少机场碳排放	交通运输、废弃物/CO_2、CH_4、N_2O	2012—2018 年	自愿	民航局	执行中	—	每起降架次的碳减排量=当年每起降架次的碳排放量-基年每起降架次的碳排放量；基年：2012 年；排放源边界：根据机场碳认证计划指南中二级认证要求，计算直接排放和能源间接排放的排放量	2015 年机场每起降架次的碳排放量比 2012 年下降 14.47%	澳门国际机场专营股份有限公司、澳门机场管理有限公司和环保节能基金

序号	行动名称	行动目标或主要内容	覆盖部门/温室气体	时间尺度	行动性质（强制/自愿，政府/市场）	监管部门	状态（计划/执行中/已完成）	进展信息	方法学和假设	预估减排效果	获得支持
3	推动环保车辆使用	对符合环保排放标准的新机动车辆提供税务优惠，主要目标是鼓励市民使用环保车辆，以减少二氧化碳和尾气污染物排放	能源/CO_2	2012年至今	自愿，政府	环境保护局负责制定措施和标准；财政局和交通事务局负责执行	执行中		减排量=节油量×汽油燃烧二氧化碳排放因子；基年：2012年	2012—2015年合计减排：1.47万 tCO_2	澳门特别行政区政府
4	环保与节能基金—《环保、节能产品和设备资助计划》	"环保与节能基金"是以改善本澳的环境质量、促进企业和社团购买或更换节能产品，主要包括环保节能LED照明设备、环保节能空调以及环保节能炉具	能源/CO_2	2011—2015年	自愿，政府	环境保护局	已完成	行政当局评估认为《环保、节能产品和设备资助计划》已经达到一定成效，因此决定不再延长计划实施。于2015年12月31日停止申请	减排量=节电量×2011—2014年南方电网平均排放因子；基年：2011年	2011—2015年合计减排4.1万tCO_2	澳门特别行政区政府

序号	行动名称	行动目标或主要内容	覆盖部门/温室气体	时间尺度	行动性质（强制/自愿,政府/市场）	监管部门	状态（计划/执行中/已完成）	进展信息	方法学和假设	预估减排效果	获得支持
5	公共部门机构能源效益和节约能源计划	公共部门/机构通过自行制订节能计划,管理日常能源使用情况,每年能耗减少5%	能源/CO_2	2007年至今	自愿,政府	能源业发展办公室	执行中	此行动于2007年启动,至2015年共节省电量6 028 345 kW·h	减排量=节电量×2008—2014年南方电网平均排放因子;基年:2008年	2008—2014年合计减排:0.43万tCO_2	澳门特别行政区政府
6	LED公共照明户外照明应用	在《澳门公共户外照明设计指引》的基础上,进行LED公共户外应用效果,并计划逐步更换全澳路灯,与更换路灯前作比较,节省电量30%	能源/CO_2	2010年至今	政府	能源业发展办公室	执行中	2015—2016年完成新口岸填海区路灯更换,2016年年底开始更换全澳约1.3万个路灯	减排量=节电量×2014年南方电网排放因子;基年:2016年	完成工程年份之后计减排量0.43万tCO_2	澳门特别行政区政府

第四章 资金、技术和能力建设需求及资助

澳门特别行政区政府重视气候变化领域的技术和能力建设,在减缓气候变化的工作上,已投入了大量的资金,对相关领域的技术有较大的需求,需要从国内外获得更大的支持。

一、技术需求

减缓和适应的技术需求清单见表 8-4 和表 8-5。

表 8-4 减缓技术需求清单

部门	技术名称
可再生能源	海上风力发电技术、太阳能电热技术
能源	智能电网建设和应用技术
建筑	建筑物节能技术、高效能照明系统技术
交通	电动车高效能电池充电技术

表 8-5 适应技术需求清单

部门	技术名称
水资源	再生水应用技术、雨水资源再利用技术
城市	城市气候脆弱性评估技术、灾害性天气和海平面变化的评估技术、城市灾害监测和预防技术、增强城市灾后恢复力技术
生态	气候变化对生态影响的评估技术、物种保育技术

二、能力建设需求

澳门特别行政区政府对气候变化的能力建设需求,主要可分为以下五大方面。

（一）温室气体清单编制

通过调研以及与相关部门或机构协商，确立合适的工作机制，以获取更准确的活动水平数据和排放因子。另外，为支持每年的清单更新和确保清单计算结果完整、透明且具有可比性，需要进一步优化日常的数据收集机制和建立数据库系统，以储存、管理和利用历年的活动水平数据和排放因子。

（二）减缓行动及效果评估

为进一步提升政府机构对相关减缓政策的制定和执行能力，需针对减排潜力大的排放源建立 MRV 机制，编写实施 MRV 机制指南和用户手册，促进相关机构和人员了解和执行；邀请国家或国际 MRV 机制专家进行经验分享和研讨，加强相关政府机构和私营企业的能力建设。

（三）脆弱性和适应性评估

澳门作为沿海城市易受气候变化影响，应加强城市脆弱性和适应性能力评估，并采取相应的应对措施，主要包括海平面上升后对澳门造成的影响和应对措施，城市灾害监测和预防的能力建设，传染性疾病与气候变化的关系和预防措施方面的能力建设。

（四）技术交流与合作

建立与国家和国际不同机构的交流合作平台，通过技术交流与合作加强澳门特别行政区在温室气体清单编制、减缓技术和效果评估，以及灾害预警和应对等能力建设。

（五）教育、培训和公众意识

澳门特别行政区政府在制定以及实施减缓和适应政策措施的同时，还应加强节能、环保、低碳教育和宣传，推动全民参与应对气候变化行动。

第五章 其他相关信息

澳门在加强气候系统观测和研究，开展气候变化教育、宣传和培训，提高气候变化意识和鼓励公众参与等方面也开展了一系列活动。

一、气候系统观测

澳门面积虽小，但设有密集的大气和沿岸水位观测网络，其中包括 13 个自动气象监测站、1 个气候观测站、1 个大气辐射监测站、5 个空气质量监测站、2 个潮汐监测站、1 个海浪监测站。此外，澳门特别行政区政府分别于 2009 年和 2014 年建立了 17 个陆地自动水位监测站，监测因风暴潮和天文潮导致沿岸的海水倒灌和暴雨引起的淹浸情况。

二、气候变化研究

澳门的气象观测历史悠久，资料系统且翔实，地球物理暨气象局通过整理这些资料，建立起 1901—2000 年百年数据体系，并开展了大量研究工作。如 20 世纪澳门气候变化状况分析；引进多种全球气候模式资料，通过降尺度方法评估澳门未来气温和降水的变化情况，以及热带气旋、风暴潮和强降水等极端天气事件给澳门带来的风险。

澳门除继续加强常规气象和海平面相关的分析研究外，近年还对资料相对较少、观测时间较短的生态系统加强观测。自 2011 年起分别对澳门野生动物（昆虫）和植物展开了定期和系统的调研工作，务求通过调查动植物的种类、分布、种群密度和物候特征，结合气象观测数据，了解气候变化对动植物生态的影响。

三、教育、宣传与公众意识

（1）气候变化教育方面。在《本地学制正规教育课程框架》和《本地学制正规教育基本学力要求》中，持续优化各教学阶段有关气候变化及其影响的教材内容，以加强学生对气候变化的关注，提升学生的节能环保意识。教育暨青年局已经编写了由小学至高中阶段的《品德与公民》和初中补充教材《澳门地理》，促进气候变化有关的教育及宣传工作。另外，澳门特别行政区政府自 2006 年开展能源教育，并在 2008 年鼓励校方自发组织开拓符合能源教学活动的"校园节能文化活动"。2010 年推出"绿色学校伙伴"，持续为绿色学校提供多元环保教育活动。截至 2015 年 12 月已有 66 所校部成为绿色学校，全澳门参与"绿色学校伙伴"计划的师生人数已超过八成。此外，2010—2014 年，澳门特别行政区政府与民间教育机构合作举办多次研讨会及培训课程，介绍能源管理、能源审核及节能减排技术新趋势，为企业界人员提供能源领域相关的最新技术和资讯。

（2）气候变化宣传方面。澳门特别行政区政府通过每年举行各种主题活动向公众宣传节能减排意识。通过"世界无车日"活动倡导低排放出行模式；通过"澳门绿化周"唤起将绿色元素引入生活的公众意识；通过"澳门环保周"活动凝聚社会力量，推广环保信息；通过"环保 Fun"奖励活动推动市民持续实践多样化的环保行动；通过"澳门节能周"系列活动，提高市民节能意识。另外，也利用多渠道如电子媒介、电台、报纸、刊物以及宣传海报等提升公众减排意识。

（3）交流与合作。为促进泛珠三角地区与国际市场间的环保商务、技术及资讯的交流，澳门特别行政区政府除与香港及国内邻近城市合办大型环保宣教活动，增进本澳与邻近地区的环保交流外，自 2008 年开始每年举办"澳门国际环保合作发展论坛与展览"（MIECF）活动，推动构建环保产业平台，围绕气候变化、节能减排及碳交易等议题，推广环保信息、引进先进的环保及节能技术和产品等。

2014 年"澳门公众环境意识调查"的结果显示，澳门居民的环保意识正呈逐年上升趋势。